前　言

在新时代教育深化改革的浪潮中，推进思政建设已成为落实立德树人根本任务、培育时代新人的关键路径。人工智能通识课程作为高职院校普识前沿技术的重要课程，肩负着培养高素质技术技能人才与塑造正确价值观的双重使命。将思政元素深度融入人工智能通识课程教学全过程，是实现知识传授与价值引领同频共振的必然要求。

本书严格遵循《高等学校课程思政建设指导纲要》精神，汇聚长期处于人工智能教学一线的教师团队，融合多年教学实践经验与行业前沿动态精心编写而成。本书围绕人工智能核心领域，系统搭建知识架构，从新一代信息技术概述，到项目管理、AI 检索技术、数据库基础、Python 基础及人工智能的应用，形成层次分明、逻辑严谨的知识体系，为读者构建起全面且扎实的人工智能知识框架。

本书兼具理论深度与实践价值。内容上，本书注重将抽象概念转化为实际操作，通过丰富的项目实践与技术案例，帮助读者快速掌握人工智能技术的应用方法；形式上，本书以任务驱动为导向，层层拆解复杂项目，引导读者在实践中提升解决问题的能力。尤为突出的是，本书创新采用“思政+技术+应用场景”融合模式，在每个项目中嵌入契合社会主义核心价值观的典型案例，让读者在技术学习中感悟思政内涵，实现素养与技能的协同发展。本书以培养兼具专业能力与家国情怀的人工智能人才为目标，既可作为高等职业院校的专用教材，也可供需要提高人工智能素养与技能初学者自学使用。

本书由潘宁、张洁、周鹏担任主编，由杨怀磊、耿向华、王雨晨担任副主编。参加编写的还有王珂、千梦圆、李舒。在编写过程中，编者得到了郑州旅游职业学院相关部门及同行专家的支持和指导，在此对他们表示衷心的感谢。

由于编者水平有限，书中难免有疏漏之处，敬请广大读者批评指正。

目　录

单元1

新一代信息技术概述

【单元简介】

信息和信息技术无处不在。本单元介绍了新一代信息技术的概念，主要包括大数据、人工智能、数字媒体、区块链、虚拟现实等技术；再次，重点讲解了大数据、人工智能、数字媒体、区块链、虚拟现实等技术的相关概念及特点；最后通过案例为读者讲解了新一代信息技术在旅游行业的应用。

【思维导图】

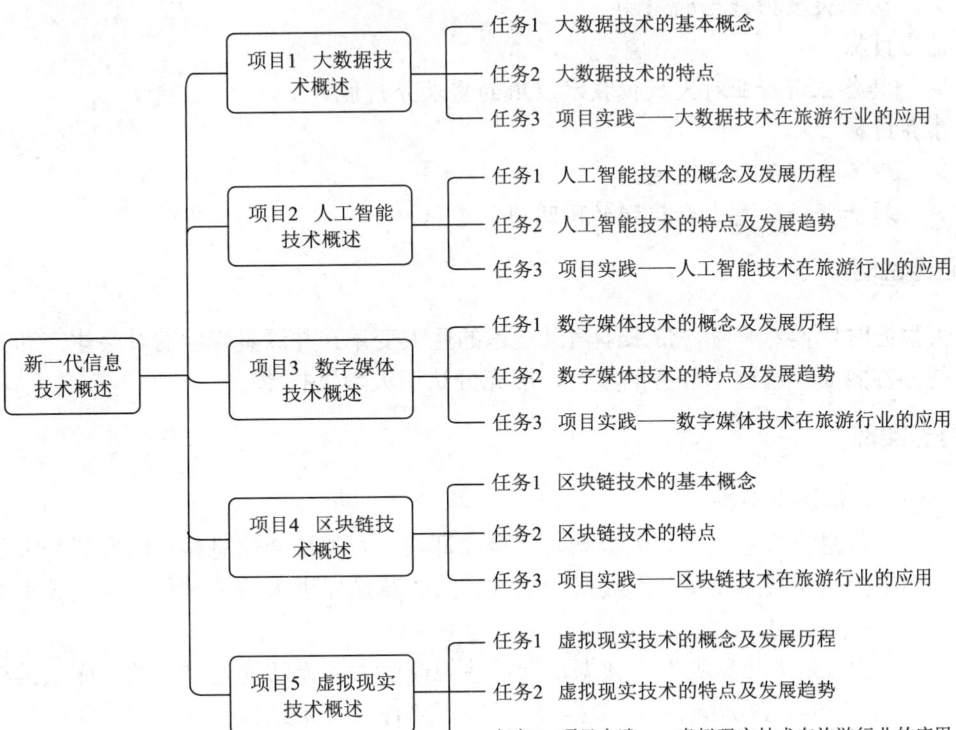

项目1　大数据技术概述

项目背景

数字经济风起云涌的今天，智慧旅游正如火如荼地展开，它不仅是旅游行业转型升级的生动实践，更是数字时代赋予文旅产业的新使命。在这场变革的浪潮中，以旅游行业凭借其深厚的技术底蕴和前瞻性的战略视野，勇立潮头，以大数据为强大引擎，借力云计算的广阔天地，开启了智慧旅游的新篇章。

任务1　大数据技术的基本概念

任务目标

知识目标

- 掌握大数据的基础概念。
- 认识大数据产生的影响。

能力目标

- 具备旅游行业对大数据技术应用的需求分析能力。

素养目标

- 培养良好的职业道德。
- 培养坚强的意志和较强的团队协作意识。

任务说明

大数据时代悄然来临，带来了信息技术的巨大变革，并深刻影响着社会生产和人民生活的方方面面。通过本任务的学习，应充分认识大数据技术。

任务实现

步骤1 认识大数据。

第三次信息化浪潮涌动，大数据时代全面开启。人类社会信息科技的发展为大数据时代的到来提供了技术支撑，而数据产生方式的变革是促进大数据时代到来至关重要的因素。

那么，什么是大数据呢？大数据是指那些规模庞大到无法通过常规数据库工具获取、存储、管理和分析的数据集。这些数据集通常包含结构化、半结构化和非结构化的数据，来源于各种渠道，如传感器、社交媒体、日志文件、传统数据库等。大数据需要新的处理模式才能具有更强的决策力、洞察发现力和流程优化能力。

步骤2　了解大数据的影响。

大数据对科学研究、思维方式和社会发展都具有重要而深远的影响。

1）在科学研究方面

图灵奖获得者、著名数据库专家詹姆斯·格雷（James Gray）观察并总结出自古以来，人类在科学研究上，先后历经了实验、理论、计算和数据4种范式。

2）在思维方式方面

维克托·迈尔·舍恩伯格（Viktor Mayer Schönberger）在《大数据时代：生活、工作与思维的大变革》一书中明确指出，大数据时代最大的转变就是思维方式的3种转变：全样而非抽样、效率而非精确、相关而非因果。

3）在社会发展方面

大数据将会对社会发展产生深远的影响，具体表现在以下几个方面：大数据决策成为一种新的决策方式；大数据应用促进信息技术与各行业的深度融合；大数据开发推动新技术和新应用的不断涌现。

4）在就业市场方面

大数据的兴起使得数据科学家成为热门人才。2010年，在高科技劳动力市场上还很难见到数据科学家的头衔，但此后，数据科学家逐渐发展成市场上热门的职位之一，具有广阔发展前景，并代表着未来的发展方向。

5）在人才培养方面

大数据的兴起将在很大程度上改变我国高校信息技术相关专业的现有教学和科研体制。

首先，数据科学家是一个需要掌握统计、数学、机器学习、可视化、编程等多方面知识的复合型人才。在我国高校现有的学科和专业设置中，上述专业知识分布于数学、统计和计算机等多个学科，任何一个学科都只能培养某个方向的专业人才，无法培养全面掌握数据科学相关知识的复合型人才。

其次，数据科学家需要大数据应用实战环境，在真正的大数据环境中不断学习、实践并融会贯通，将自身技术背景与所在行业业务需求进行深度融合，从数据中发现有价值的信息，但是目前大多数高校还不具备这种培养环境，不仅缺乏大规模基础数据，也缺乏对领域业务需求的理解。

任务2　大数据技术的特点

任务目标

知识目标

➢　掌握大数据的特点。

能力目标

➢　具备大数据技术在旅游行业应用场景的适用性判别能力。

素养目标

➤ 培养良好的职业道德。

➤ 培养坚强的意志和较强的团队协作意识。

任务说明

大数据是指规模巨大、复杂多样的数据集合，其复杂程度使得传统数据处理工具难以高效处理和分析。通过认识大数据的特点，更好地掌握大数据概念。

任务实现

大数据的特点主要包括多样性（variety）、大量性（volume）、高速性（velocity）、低价值密度（value）、真实性（veracity）、变异性（variability）和可视化（visualization），如图 1-1 所示。这些特点共同构成了大数据的基本框架，影响着数据的采集、存储、处理和分析。

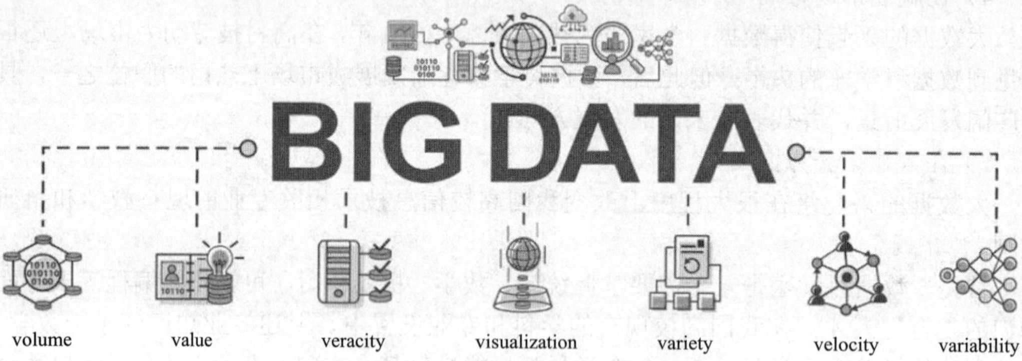

图 1-1 大数据的 7V 特点

1. 多样性

大数据的多样性体现在其数据来源和格式的广泛性上。这涵盖了结构化数据（如数据库表格）、半结构化数据（如 XML 文件）以及非结构化数据（如文本、图像、音频等）。在大数据时代，人们处理的数据不再局限于传统的结构化形式，而是来自多种渠道，且格式各异。为了有效利用这些多样化的数据，大数据技术必须支持多种数据类型，如采用 NoSQL 数据库和分布式存储系统等解决方案。

2. 大量性

大数据的显著特征之一是数据量巨大，不仅仅是几 TB 或 PB 级别的数据，而是以 TB 为单位的数据规模，甚至更大，远远超出了传统数据库管理系统的处理能力。这种庞大的数据量要求具备强大的存储和处理能力，以确保数据的高效管理和分析。互联网、传感器技术和社交媒体等数据源的快速增长是大数据大量性特性的驱动因素。为了应对这一挑战，通常采用分布式存储系统（如 Hadoop 分布式文件系统）和并行计算框架（如

MapReduce）来实现数据的高效存储和处理。

3. 高速性

大数据的高速性体现在数据的生成、传输和处理速度非常快，呈现出实时或近实时的特点。与传统的批量数据处理方式不同，大数据时代的数据产生和传播速度大大加快。例如，社交媒体上的实时更新和传感器产生的实时数据等。为了应对这一挑战，大数据技术需要具备流式处理和实时分析的能力，以确保系统能够及时获取并利用最新的信息。

4. 低价值密度

大数据的低价值密度意味着其中包含大量低价值的信息，需要通过深度分析和挖掘才能发现有用的知识。在大数据中，冗余、噪声和碎片化信息很常见。因此，仅仅收集和存储大量数据是远远不够的，还需要通过先进的数据分析技术提炼出有用的信息和洞见。数据挖掘、机器学习和人工智能等技术在这方面发挥了关键作用，帮助人们从低价值密度的数据中提取高价值的信息。

5. 真实性

大数据的真实性是指其质量和可信度。由于大数据的信息来源广泛且多样，其真实性可能受到影响。数据中可能包含错误、噪声或欺诈性信息，从而影响最终分析的准确性和可靠性。为了确保大数据的真实性，需要采用数据质量管理和数据清洗等手段。这包括数据清洗、去重、纠错等步骤，以确保数据的准确性。此外，建立可信任的数据来源和采用适当的认证手段也是提高数据真实性的关键。

6. 变异性

大数据的变异性是指数据在处理过程中可能发生变化的能力，即数据的不断演变和动态性。这一特征强调了数据在时间、空间等方面的不确定性，对于有效地处理和分析大数据至关重要。理解数据的变异性有助于制订适应数据变化的策略和方法，从而确保数据分析和处理的准确性和可靠性。

大数据的变异性主要体现在以下方面。

（1）数据分布的不均匀性：大数据集合可能包含来自不同来源、不同时间、不同地点的数据，这使得数据的分布呈现出不均匀性。不同的子集可能具有不同的统计性质，对于数据分析和建模而言，需要考虑这种变异性。

（2）数据的动态性：大数据往往是动态变化的，特别是在涉及实时数据的情况下。例如，社交媒体上的实时更新、传感器数据的实时采集等都使得数据的状态在不同时间点发生变化。这就要求处理大数据的系统能够适应数据动态变化的特性。

（3）数据质量的波动：大数据中可能包含大量的噪声、异常值和错误。这些问题可能随时间变化，导致数据质量的波动。要有效处理数据的变异性，需要实施数据清洗、异常检测等数据质量管理措施，以保证数据的准确性和可信度。

（4）环境因素的影响：数据的变异性还可能受环境因素的影响，如天气、地理位置、社会事件等。这些外部因素可能导致数据的分布和特性发生变化，对于涉及这些因素的分析任务，需要考虑这种变异性。

（5）多样性的挑战：大数据中包含多样性的数据类型，包括结构化数据、半结构化数据和非结构化数据。不同类型数据的存在增加了数据的复杂性，这就要求处理系统应具备处理多样数据的能力，以适应数据类型的变异性。

7. 可视化

大数据的可视化是指采用图形与图像技术来直观展现大数据内容，使得数据的内在模式、发展趋势及相互关系变得清晰易懂。可视化技术对于大数据分析而言至关重要，因为它极大地增强了人们解析复杂数据集的能力，提升了信息洞察的深度，进而为制定更为明智的决策提供有力支持。

大数据的可视化主要体现在以下方面。

（1）信息呈现：大数据可视化通过图表、图形、地图等形式将庞大的数据集呈现出来，使得信息更加直观、易于理解。这有助于用户快速把握数据的关键特征，而不必深入研究庞大的原始数据。

（2）趋势分析：通过可视化工具，用户能够轻松地观察数据中的趋势和模式。例如，折线图可以展示时间序列数据的趋势；热力图可以展示数据的空间分布。这种视觉化的方式使得趋势分析更为直观，有助于发现隐藏在数据中的关联关系。

（3）交互性：大数据的可视化工具通常提供交互性功能，使用户能够自由选择感兴趣的数据子集、调整视图参数，从而更灵活地进行数据探索。这有助于用户深入挖掘数据，找到其中的规律和异常。

（4）决策支持：大数据的可视化不仅提供对数据的深入理解，还为决策制定提供支持。领导层和决策者可以通过直观的图形和图表更好地理解业务状况，从而制定出更明智的战略和战术决策。

（5）多维度展示：大数据的可视化工具可以处理多维度的数据，同时展示多个方面的信息。这种能力使得用户可以在一个图表或图形中同时观察多个维度的关系，提高对数据的整体理解。

任务 3　项目实践——大数据技术在旅游行业的应用

任务目标

知识目标

- 认识大数据技术在旅游行业的应用。

能力目标

- 能够设计基于大数据技术的旅游行业应用场景。

素养目标

- 培养良好的职业道德。

➢ 培养坚强的意志和较强的团队协作意识。

任务说明

通过收集和分析海量的旅游数据，大数据技术帮助旅游企业深入理解游客的行为模式和偏好。这些数据来源于在线预订平台、社交媒体、移动应用等渠道，为旅游产品和服务的优化提供了数据支撑。

任务实现

案例 1 旅游大数据赋能西藏智慧旅游。

为了充分发掘旅游行业内广泛分布但相互孤立的海量大数据的潜在价值，我们采用网络文本爬虫技术，成功构建了专注于西藏旅游的大数据语料库。在此基础上，我们融合了人工智能与深度学习技术，深入开展了知识抽取、图谱构建与补全、智能问答系统以及智慧推荐算法等研究。这些技术的集成应用，为游客提供了一站式的智慧旅游服务体验，涵盖了西藏的文化探索、景点介绍、酒店预订、交通指南、地方特产、美食推荐以及旅游产品购买等多方面信息，如图 1-2 所示。

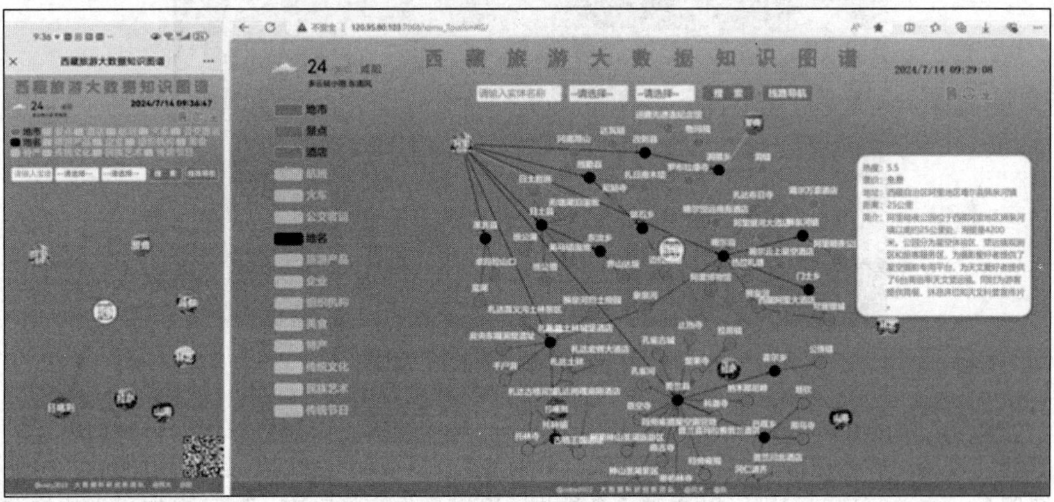

图 1-2 西藏旅游大数据知识图谱

游客不仅可以通过这一平台轻松浏览各类旅游资讯，还能搜索相关的旅游知识，查询实时的天气情况，实现旅游线路的自助规划与导航。同时，该平台还提供了航班、火车票及酒店的预订服务，以及西藏特产的在线购买功能，极大地便利了游客的出行与消费。

目前，此研究成果已在林芝市、日喀则市和那曲市等多地得到了成功应用，并致力于构建西藏文旅的“一张图”全景式展示。这不仅加快了数据要素对旅游产业的深度赋能，还推动了旅游产业经济的全面数字化、智能化转型与创新升级，为西藏旅游经济的发展注入了新的活力，创造了由数字消费驱动的新增长点。

案例 2 洛阳数字技术助力智慧旅游升级。

近年来，国内游客的旅游消费需求持续升级，传统的走马观花式旅游已逐渐被深度游览和体验式旅游所取代。面对这一变化，如何提供更加贴心的旅游服务和更畅快的出行体验成为亟须解决的问题。

洛阳大数据产业园内的洛阳旅游大数据中心（图 1-3），建立的旅游大数据多级综合业务云平台，能够实时监测市内各大景区的数据信息。这一平台不仅能够掌握重点景区的实时客流量、游客停留时长等关键指标，还能对收集到的旅游数据进行深度整合、分析和研判，从而为旅游产业的各个环节以及终端消费者提供精准的信息化服务。通过这一平台，洛阳市已经基本实现了全市 A 级景区的在线预订、快速入园、智能导游等综合服务能力。同时，平台还能够进行实时客流量监测分析、舆情监测，并建立了游客咨询投诉的及时处理机制。这些功能的实现，都是以大数据技术为核心，以文旅消费平台为载体，构建起了文旅行业的数据生态服务体系和一站式消费服务体系。

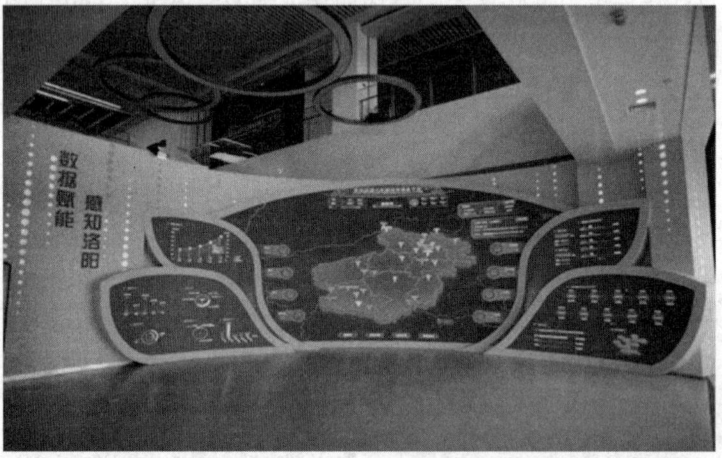

图 1-3 洛阳旅游大数据中心

如今，洛阳市的文旅管理、服务和营销已经全面实现了智慧化。游客可以通过手机等智能设备，轻松获取景区的实时信息，进行在线预订，享受快速入园和智能导游等便捷服务。旅游管理部门则可以通过平台数据，精准掌握市场动态，制订更加科学的旅游发展战略。

案例 3 “一部手机游乐山”。

峨眉山旅游股份有限公司积极把握“科技赋能文旅”的新机遇，构建了融合云计算、大数据和人工智能等先进信息技术的“文旅行业云”平台。该平台已在乐山市 11 个县（市、区）得到广泛应用，实现了全域多维度产业监测和行业监管。乐山市全域内的国家 4A 级以上旅游景区也实现了全域票务预约预订一体化和视频数据汇集，初步构建了市、县、景区三级联动的智慧化管理和数据共享指挥调度中心。

“智游乐山”作为全域文旅大数据公共服务平台（图 1-4），为乐山市文旅指挥调度中心提供了强大的技术支持。通过三维数字沙盘、GIS（geographic information system，地理信息系统）地图和变化趋势图等应用，该平台能够实时提供各景点的视频监控数据和多项关键数据指标，如票务情况、接待情况等。这种“一云、两中心和多终端”的架构，不仅消除了数据孤岛，还打通了产业链条，推动了文旅新业态和新模式的发展。

该平台以游客需求为核心，整合了乐山全域的旅游数据资源，通过小程序、微信公众号、App（图1-4）等多个线上入口，为游客提供全方位、全链条、全程化的服务。从“吃、住、行、游、购、娱”6个维度出发，游客可以轻松查询乐山所有景点的文旅资源及配套设施信息，并进行预约、预订和消费。同时，“一张地图游”功能以轻量化的方式满足了全域、全周期的旅游体验需求，而景区智慧屏则实时展示各景点的监控画面、实时人数、索道交通拥挤程度等重要信息，为游客合理安排旅游路线提供了有力支持。

图1-4 “智游乐山”App

此外，“文旅行业云”平台还利用大数据分析，实现了节假日高峰期资源调配的精准化，显著降低了经营成本。在该平台建成前，资源调配主要依赖经验估算，而现在可以根据实际游客数量进行灵活调配，每年节省了大量运营费用。同时，平台还促进了“旅游+技术+金融”的融合，景区通过购买服务的方式获取数字技术和服务能力，有效解决了因专业技术人才匮乏和资金不足导致的智慧化发展缓慢及不均衡问题。

知识拓展

大数据技术架构

大数据技术架构通常由以下几个核心组件和层次构成。

（1）数据源层：包括各种数据源，如传感器、社交媒体、网站日志、传统数据库等，负责数据的采集、接入和传输。

（2）数据存储和管理层：负责对大数据进行存储、管理和维护，包括关系型数据库、NoSQL 数据库、分布式文件系统和对象存储等。

（3）数据处理和计算层：负责对大数据进行处理、转换、分析和计算，包括 Hadoop 生态系统、Spark、Flink、Storm 等分布式计算和并行处理工具。

（4）数据分析和可视化层：将经过处理和计算的大数据转化为有用的信息和洞察，并通过可视化手段展示给用户，包括数据挖掘、机器学习、统计分析和数据可视化等技术。

思考与练习

大数据技术在旅游行业还有哪些应用？

项目评价

完成下列任务评价表。

<table>
<tr><th colspan="2">评分内容</th><th>分数</th><th>自评分</th><th>互评分</th><th>教师评分</th><th>其他评分</th></tr>
<tr><td colspan="2">课前预习完成情况</td><td>10</td><td></td><td></td><td></td><td></td></tr>
<tr><td colspan="2">知识目标完成情况</td><td>20</td><td></td><td></td><td></td><td></td></tr>
<tr><td colspan="2">能力目标完成情况</td><td>20</td><td></td><td></td><td></td><td></td></tr>
<tr><td colspan="2">素养目标完成情况</td><td>20</td><td></td><td></td><td></td><td></td></tr>
<tr><td colspan="2">课后任务完成情况</td><td>10</td><td></td><td></td><td></td><td></td></tr>
<tr><td colspan="2">课外拓展完成情况</td><td>10</td><td></td><td></td><td></td><td></td></tr>
<tr><td colspan="2">其他</td><td>10</td><td></td><td></td><td></td><td></td></tr>
<tr><td colspan="2">总分</td><td>100</td><td></td><td></td><td></td><td></td></tr>
<tr><td colspan="6">综合评价（自评分×20%+互评分×20%+教师评分×40%+其他评分×20%）</td><td></td></tr>
<tr><td>学习体会</td><td colspan="5"></td><td></td></tr>
</table>

项目2　人工智能技术概述

项目背景

在当今这个日新月异的科技时代，人工智能技术以其独特的魅力和无限的潜力，正引领着一场前所未有的变革。本项目将深入探索这一前沿领域的核心概念、发展历程、技术特点、未来趋势及应用领域，从而让读者全面而深刻地认识人工智能技术。

任务1　人工智能技术的概念及发展历程

任务目标

知识目标

- 掌握人工智能的概念。
- 了解人工智能的发展历程。

能力目标

- 具备旅游行业对人工智能技术应用的需求分析能力。

素养目标

- 培养良好的职业道德。
- 培养坚强的意志和较强的团队协作意识。

任务说明

作为计算机科学的一个分支，人工智能技术旨在模拟、延伸和扩展人类的智能，使之能够执行复杂的任务，解决现实世界中的难题。通过本任务的学习，充分认识人工智能。

任务实现

步骤1　掌握人工智能技术的概念。

人工智能（artificial intelligence，AI）是指通过计算机程序或机器来模拟、实现人类智能的技术和方法。它可以让计算机具有感知、理解、判断、推理、学习、识别、生成、交互等类人智能的能力，从而能够执行各种任务，甚至超越人类的智能表现。

人工智能技术的核心是机器学习和深度学习等算法，它们通过对大量数据进行训练，使计算机可以自动发现数据中的规律，并进行模式识别、分类、预测等操作。人工智能跨越多学科（图1-5），在各个领域都有所应用，如语音识别、图像识别、自然语言处理（natural language processing，NLP）、智能交互、自动驾驶、医疗健康等，已成为推动社会进步和经济发展的重要力量。

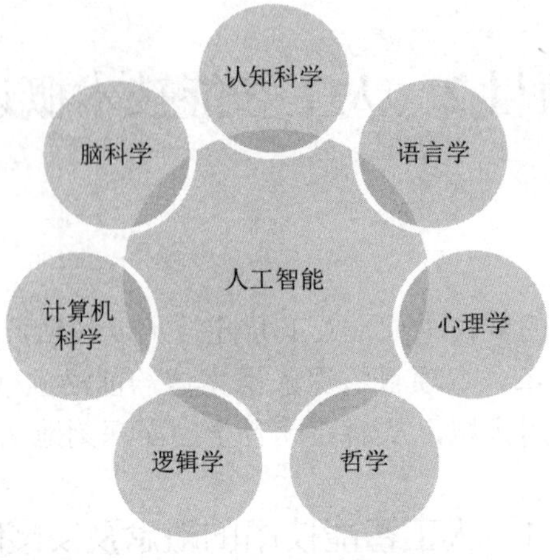

图 1-5　人工智能跨多学科

步骤 2　了解人工智能技术的发展历程。

人工智能技术的发展历程可以概括为以下几个阶段。

1）起步发展期（1943 年—20 世纪 50 年代末期）

这一时期是人工智能的萌芽阶段。1943 年，美国神经科学家和逻辑学家提出了神经元的数学模型，为人工智能的发展奠定了基础。1950 年，艾伦·图灵提出了图灵测试，标志着人工智能概念的正式提出。随后，符号主义和联结主义（神经网络）相继发展，取得了一系列重要成果，如机器定理证明、跳棋程序等，掀起了人工智能发展的第一个高潮。

2）反思发展期（20 世纪 60 年代初期—60 年代末期）

在这一阶段，人工智能遇到了诸多挑战和困难。由于技术限制和当时对人工智能的过高期望，人工智能的发展陷入了低谷。机器在处理常识性问题、自然语言理解等方面表现出明显的不足，导致人们对人工智能的未来发展产生了质疑。

3）应用发展期（20 世纪 70 年代初期—80 年代初期）

随着专家系统的出现，人工智能开始进入实用化阶段。专家系统利用专业知识解决特定领域的问题，如化学分析、医疗诊断等，取得了显著成效。这一时期，人工智能的应用范围逐渐扩大，但专家系统的局限性也逐渐暴露出来，如知识获取困难、推理方法单一等。

4）低迷发展期（20 世纪 80 年代中期—90 年代初期）

在专家系统之后，人工智能的发展再次陷入低谷。由于专家系统的局限性以及当时计算能力和数据资源的限制，人工智能的发展速度放缓。尽管如此，人工智能领域的研究并未完全停滞，一些新的研究方向和技术开始孕育。

5）稳步发展期（20 世纪 90 年代中期—2010 年）

进入 21 世纪的前十年，人工智能受益于网络技术和互联网技术的快速发展，迎来了新的发展机遇。神经网络、机器学习、数据挖掘、自然语言处理、计算机视觉等新技术相继涌现，为人工智能的发展注入了新的活力。这一时期，人工智能在多个领域取得了重要进展，为后续的蓬勃发展奠定了基础。

6）蓬勃发展期（2011 年至今）

自 2011 年以来，人工智能进入了蓬勃发展的时期。大数据、云计算、物联网等技术的快速发展为人工智能提供了丰富的数据资源和强大的计算能力支持。以深度神经网络为代表的人工智能技术取得了突破性进展，在图像识别、语音识别、自然语言处理等领域取得了显著成果。人工智能的应用范围不断扩大，从智能制造、智能家居到智慧教育、智慧医疗等多个领域都展现出巨大的潜力和价值。随着技术的不断进步和应用场景的不断拓展，人工智能正逐步成为推动社会发展的重要力量。

任务2 人工智能技术的特点及发展趋势

任务目标

知识目标

- 掌握人工智能技术的特点。
- 了解人工智能技术的发展趋势。

能力目标

- 具备人工智能技术在旅游行业应用场景的适用性判别能力。

素养目标

- 培养良好的职业道德。
- 培养坚强的意志和较强的团队协作意识。

任务说明

作为计算机科学的一个分支，人工智能技术旨在模拟、延伸和扩展人类的智能。本节通过学习人工智能技术的特点，展望人工智能技术的发展趋势。

任务实现

步骤 1 掌握人工智能技术的特点。

人工智能技术具有以下多个显著的特点，这些特点共同构成了其强大的功能和应用潜力。

1）自主学习和适应能力

人工智能系统能够根据不断增加的数据进行自主分析，从而自主学习并调整自身的算法模型，使其具备更强的适应能力。例如，机器学习技术的广泛应用使得人工智能系统能够不断学习和掌握新知识，提高处理复杂问题的能力。

2）高效的数据处理能力

人工智能系统能够处理大量的数据，进行快速、准确的信息抽取、分类、挖掘和分析，从而帮助用户进行各种决策。在金融、医疗等领域，人工智能系统能够通过对海量数据的分析，为用户提供更精准的预测和决策支持。

3）决策能力和自主规划能力

人工智能系统可以基于先前获得的知识和信息，自主进行推理和决策，提供更高效的解决方案。在游戏、交通管理等领域，人工智能系统能够通过自主规划和决策，实现智能控制和优化。

4）多领域的应用能力

人工智能技术被广泛应用于医疗、金融、物流、教育、智能家居等多个领域。人工智能系统在这些领域中发挥着重要的作用，提高了工作效率和服务质量。

5）人机交互与自然语言处理能力

人工智能系统具备强大的人机交互能力，可以通过语音识别、音频识别、视觉交互等方式与人类进行沟通和交互。同时，人工智能系统还具有自然语言处理能力，能够理解并分析人类的自然语言输入，完成复杂的语言任务。

6）自动化

人工智能技术可以实现机器的自动化，减轻人类的劳动强度。例如，在制造业中，智能机器人可以完成复杂的装配和加工任务；在农业中，智能农机可以实现精准种植和收割。

7）智能化和自适应性

人工智能系统具有智能化的特点，能够模拟人类的思维方式进行推理和决策。同时，它还具备自适应性，能够根据环境和任务的变化进行自主调整和改进，提高系统的适应能力和稳定性。

8）持续发展和创新性

人工智能是一个不断发展的领域，随着人工智能技术的不断进步和创新，其应用范围和功能也在不断扩展和提升。新的算法、模型和应用场景不断涌现，也为人工智能技术的发展注入了新的活力。

综上所述，人工智能技术具有自主学习和适应能力、高效的数据处理能力、决策能力和自主规划能力、多领域的应用能力、人机交互与自然语言处理能力、自动化和智能化的特点以及持续发展和创新性等特点。这些特点使得人工智能技术在各个领域都发挥着重要的作用，推动着社会的不断进步和发展。

步骤 2 了解人工智能技术的发展趋势。

人工智能技术的主要发展趋势可以概括为以下几个方面。

1）技术融合与模型创新

未来，人工智能技术将聚焦于多模态预训练大模型的广泛应用，这类模型能够整合文本、图像、声音等多种数据类型，实现跨模态的深入理解和内容生成。技术迭代将催生新型算法与模型，促使 AI 在各领域实现更精准、高效的智能化应用。此外，AI 将与物联网、大数据、区块链等前沿技术深度融合，共同驱动智能化的加速转型。

2）数据质量与智能算力

高质量数据是 AI 技术进步的基石。未来，数据智能技术的革新将加剧对高质量数据的需求。数据清洗、标注、增强等预处理技术将广泛应用，以提高数据的可用性和准确性。同时，智能算力将全面融入 AI 应用的各个层面，为 AI 模型提供强大的计算支撑，降低算力成本，加速 AI 技术的普及和深化应用。

3）生成式 AI 技术的崛起

生成式 AI 技术，特别是 AIGC（artificial intelligence generated content，人工智能生成内容），将成为 AI 发展的前沿趋势。AIGC 能够迅速生成高质量的文本、图像、音频和视频等内容，显著提升创作效率。这一技术将为媒体、广告、娱乐等行业带来革命性的商业模式和盈利机会，推动相关产业的蓬勃发展。

4）伦理与安全治理

随着 AI 技术的广泛应用，其伦理和安全问题日益受到关注。未来，AI 技术的发展将更加注重伦理规范和安全治理，政府和企业将加强监管和治理力度，制定更为严格的法规和标准，确保 AI 技术的健康、可持续发展。同时，可解释性 AI 模型的研究将提高 AI 系统的透明度和可信度，增强公众对 AI 技术的信任和支持。

5）应用场景的拓展

AI 技术的应用领域将持续扩大和深化。在医疗领域，AI 将助力精准医疗和个性化治疗的发展；在金融领域，AI 将提升风险评估和投资决策的准确性；在交通领域，自动驾驶技术将引领出行方式的变革；在教育领域，AI 将实现个性化教学和智能辅导等。这些应用场景的拓展将充分发挥 AI 技术的潜力，为经济社会发展注入新的活力和动力。

任务3 项目实践——人工智能技术在旅游行业的应用

任务目标

知识目标

- 认识大数据技术在旅游行业的应用。

能力目标

- 能够设计基于人工智能技术的旅游行业应用场景。

素养目标

- 培养良好的职业道德。
- 培养坚强的意志和较强的团队协作意识。

任务说明

人工智能在旅游行业的实际应用案例，通过展示人工智能技术如何赋能传统旅游产业，推动企业转型升级。例如，智能客服可以提供全天候的咨询服务，而基于 AI 的推荐系统则能够根据游客的喜好和行为，提供个性化的旅游建议。

任务实现

案例1 滕王阁智能背序亭——AI 数字人“王勃”。

2023 年，滕王阁旅游区推出了一项常态化的特色活动：背诵《滕王阁序》全文即可免费入园，这一举措迅速吸引了来自全国各地的游客前来一试身手。为了进一步提升游客体验，景区创新上线了《滕王阁序》VR 自助背诵评分平台，其中，一位栩栩如生的 AI 数字人“王勃”（图 1-6）担任起了“考官”的角色，为背诵者打分。游客步入背序亭，即可面对这位 AI 数字人“王勃”背诵《滕王阁序》，并通过语音互动获取更多关于历史文化的知识，享受前所未有的沉浸式文化体验。自该功能上线以来，景区平均每日约有 200 名游客参与这一 AI 互动，累计已有上万人次的游客与这位 AI 数字人进行了亲密互动。

案例 2 南浔古镇——AI 虚拟镇长。

南浔古镇创新性地推出了 AI 虚拟镇长角色（图 1-7），这位数字人物在古镇内通过先进的互动驾驶舱与游客进行实时交流，生动地讲述南浔古镇丰富的历史故事，这一新颖的互动方式吸引了众多游客驻足参与，体验非凡。特别是“#百万重金浔镇长#”这一话题，在网络上引发了广泛讨论，使南浔古镇以一种前所未有的新姿态成功“出圈”，成为公众瞩目的焦点。

图 1-6 滕王阁 AI 数字人“王勃”

图 1-7 南浔古镇——AI 虚拟镇长

案例 3 广州国家版本馆——虚拟讲解员“沁沁”。

广州国家版本馆利用先进的 AI 大模型技术，塑造了一个名为“沁沁”的数字人（图 1-8），她不仅拥有“倾听”与“表达”的能力，还能通过智能交互即时为访客提供关于广州国家版本馆的详尽解答。结合虚拟与现实技术，“沁沁”在广州国家版本馆内生动呈现，亲自引领参观者深入探索馆藏版本的独特韵味。通过数字化的创新展现方式，“沁沁”促进了馆藏文化的广泛传播，为游客打造了一场沉浸式的展览体验，让他们在互动中深刻感受国家版本馆的魅力。

图 1-8　广州国家版本馆虚拟讲解员“沁沁”

知识拓展

人工智能技术之核心技术

1. 机器学习

作为人工智能的关键驱动力，机器学习通过算法模型对庞大数据集进行深度学习和训练，使机器能够自主发现数据中的规律和模式，无须预设程序指令即可逐步提升性能和准确性。随着数据量的增长，其预测能力日益精进，广泛应用于金融风控、智能推荐、自动驾驶等领域，展现出巨大的潜力。

2. 深度学习

深度学习是机器学习的一个高级分支，采用神经网络模型模拟人脑神经元的工作方式，通过大量数据训练调整模型参数，以最小化预测误差。这一过程使模型能高效地处理复杂数据，如图像、语音和自然语言，实现图像识别、语音识别和自然语言处理等任务的智能化。深度学习在图像识别、自然语言处理等领域取得了突破性进展。

3. 自然语言处理

自然语言处理（NLP）技术搭建起计算机与人类语言沟通的桥梁，使计算机能够理解、解释和生成人类语言。它涵盖文本分类、情感分析、信息抽取等多个方面，能够精准识别文档中的关键信息，如人物、地点、时间等，广泛应用于智能客服、智能写作、智能翻译等领域，极大地促进了人机交互的便捷性。

4. 计算机视觉

计算机视觉技术模拟人类视觉系统，使计算机能够从图像和视频中识别物体、场景和活动。在医疗成像分析、人脸识别、安防监控、购物推荐等多个领域，计算机视觉技术不仅提高了工作效率，还极大地丰富了人们的生活体验，成为现代科技不可或缺的一部分。

5. 持续优化与算法多样性

人工智能的发展是一个持续优化的过程，需要根据实际应用表现不断调整和改进，以适应特定任务和环境。同时，人工智能算法种类繁多，包括决策树、朴素贝叶斯、支持向量机、神经网络等，每种算法都有其独特的优势和适用场景，为实现人工智能的多样化应用提供了坚实的基础。

思考与练习

人工智能技术在旅游行业还有哪些应用？

项目评价

完成下列任务评价表。

<table>
<tr><th>评分内容</th><th>分数</th><th>自评分</th><th>互评分</th><th>教师评分</th><th>其他评分</th></tr>
<tr><td>课前预习完成情况</td><td>10</td><td></td><td></td><td></td><td></td></tr>
<tr><td>知识目标完成情况</td><td>20</td><td></td><td></td><td></td><td></td></tr>
<tr><td>能力目标完成情况</td><td>20</td><td></td><td></td><td></td><td></td></tr>
<tr><td>素养目标完成情况</td><td>20</td><td></td><td></td><td></td><td></td></tr>
<tr><td>课后任务完成情况</td><td>10</td><td></td><td></td><td></td><td></td></tr>
<tr><td>课外拓展完成情况</td><td>10</td><td></td><td></td><td></td><td></td></tr>
<tr><td>其他</td><td>10</td><td></td><td></td><td></td><td></td></tr>
<tr><td>总分</td><td>100</td><td></td><td></td><td></td><td></td></tr>
<tr><td colspan="5">综合评价（自评分×20%+互评分×20%+教师评分×40%+其他评分×20%）</td><td></td></tr>
<tr><td>学习体会</td><td colspan="4"></td><td></td></tr>
</table>

项目 3　数字媒体技术概述

项目背景

在 21 世纪的今天，随着信息技术的飞速发展，数字媒体技术已经成为连接现实与虚拟、过去与未来、个体与社会的桥梁。它不仅深刻改变了人们的生活方式、工作模式，还极大地丰富了文化传播的途径与形态，为人类社会带来了前所未有的变革与机遇。本项目主要探讨了数字媒体技术的基本概念、发展历程、技术特点、发展趋势及其在旅游行业的应用。

任务1 数字媒体技术的概念及发展历程

任务目标

知识目标

➢ 掌握数字媒体技术的概念。

➢ 了解数字媒体技术的发展历程。

能力目标

➢ 具备旅游行业对数字媒体技术应用的需求分析能力。

素养目标

➢ 培养良好的职业道德。

➢ 培养坚强的意志和较强的团队协作意识。

任务说明

数字媒体技术以其独特的优势在多个领域发挥着重要作用，并随着科技的进步不断发展和创新。通过本节的学习，应掌握数字媒体技术的概念和发展历程。

任务实现

步骤1 掌握数字媒体技术的概念。

数字媒体技术是指以二进制数的形式记录、处理、传播和获取的信息载体技术，主要包括数字化的文字、图形、图像、声音、视频影像和动画等感觉媒体，以及表示这些感觉媒体的编码、存储、传输和显示逻辑媒体的实物媒体。

数字媒体技术涵盖了数字媒体内容创作（如数字绘画、三维建模、动画制作）、数字媒体编辑与处理（如图像处理软件、音频编辑软件）、数字媒体分发与传播（如互联网、移动媒体平台），以及数字媒体管理与保护（如版权管理、数字水印技术）等多个方面。

步骤2 了解数字媒体技术的发展历程。

数字媒体技术的发展历程是一个从初步理论探索到广泛应用，再到多媒体整合的逐步演进过程。

1）基础阶段（20世纪80年代初期至90年代初期）

在这一阶段，数字媒体技术主要处于初步理论发展阶段。数字音频技术、数字视频技术、数字图像技术等基础技术得到了研究和应用，这些技术为数字媒体技术的后续发展奠定了坚实的基础。

2）应用阶段（20世纪90年代中期至90年代末期）

随着技术的不断成熟，数字媒体技术开始广泛应用于电影、电视、广告、游戏等行业。这一时期，数字电影、数字电视、网络视频、移动媒体等新兴应用不断涌现，极大地丰富了人们的娱乐生活和文化体验。同时，数字媒体技术也开始在教育、医疗、军事等领域发挥重要作用，推动了这些领域的数字化转型。

3）整合阶段（21 世纪初期至今）

进入 21 世纪后，数字媒体技术开始向多媒体方向整合发展。多媒体信息的数字储存、数字传输和数字处理等技术的融合，形成了数字出版、数字内容制作等新兴领域。这些领域的发展不仅推动了数字媒体技术的进一步创新，也促进了文化产业和信息产业的深度融合。

任务 2　数字媒体技术的特点及发展趋势

任务目标

知识目标

- ➢ 掌握数字媒体技术的特点。
- ➢ 了解数字媒体技术的发展趋势。

能力目标

- ➢ 具备数字媒体技术在旅游行业应用场景的适用性判别能力。

素养目标

- ➢ 培养良好的职业道德。
- ➢ 培养坚强的意志和较强的团队协作意识。

任务说明

数字媒体技术经历了从简单文本到多媒体融合，从静态展示到动态交互，从单一平台到跨平台无缝连接的飞跃式发展。通过本任务的学习，掌握数字媒体技术的特点及发展趋势。

任务实现

步骤 1 掌握数字媒体技术的特点。

数字媒体技术是集数字信息的获取、处理、存储、传输、显现和利用于一体的综合技术，涉及计算机科学、通信技术、信息处理等多个学科领域。数字媒体技术的特点可以归纳为以下几点。

（1）数字化：数字媒体技术将所有媒体内容转化为数字信号，便于计算机处理和存储。数字化可以大幅提高媒体内容的复制质量，减少传输过程中的失真。

（2）网络化：数字媒体技术使得媒体内容可以通过网络进行快速传播，用户可以随时随地访问和共享信息，促进了全球范围内的信息交流。

（3）互动性：数字媒体技术支持用户与媒体内容之间的互动，用户可以通过点击、拖动、语音识别等方式与媒体内容进行交互，增强了用户的参与感和使用体验。

（4）多媒体集成：数字媒体技术能够将文本、图像、音频和视频等多种媒体形式集成在一个平台上，创造出丰富多样的媒体体验。

（5）实时性：数字媒体技术支持实时数据的处理和传输，使得媒体内容可以即时更新，用户可以实时获取最新的信息。

（6）定制性：数字媒体技术可以根据用户的需求和偏好提供个性化的内容和服务，以满足用户的个性化需求。

（7）高效性：数字媒体技术提高了媒体内容的生产、编辑和分发效率，降低了成本，使得媒体内容的制作和传播更加高效。

（8）可存储性：数字媒体技术使得媒体内容可以方便地存储在电子设备上，如硬盘、U盘、云存储等，便于长期保存和检索。

（9）可编辑性：数字媒体技术允许用户对其进行编辑和修改，这种可编辑性使得数字媒体内容更加灵活和可塑。用户可以通过剪辑、合成和特效等技术手段来创造新的媒体内容。

（10）虚拟现实与增强现实：数字媒体技术的发展推动了虚拟现实（virtual reality，VR）和增强现实（augmented reality，AR）技术的应用，为用户提供沉浸式和增强的媒体体验。

步骤2 了解数字媒体技术的发展趋势。

数字媒体技术的发展趋势主要体现在以下几个方面。

1）技术创新与融合趋势

未来，数字媒体技术将更侧重于技术创新与前沿技术的深度融合，特别是与人工智能、大数据、云计算等领域的结合。这种融合将催化数字媒体内容创作、编辑、分发等全链条的智能化与自动化进程，显著提升内容生产的效率与质量。此外，虚拟现实（VR）、增强现实（AR）等沉浸式技术的兴起，将为数字媒体技术开辟新的发展方向，引领内容向更高层次的沉浸感与互动性迈进。

2）应用场景拓展趋势

数字媒体技术的应用场景将日益广泛，不再局限于传统媒体范畴，而是深入教育、医疗、旅游、电商等多个行业。在教育领域，数字媒体技术将为学生带来更加生动直观的学习体验；在医疗领域，数字媒体技术可辅助诊断与治疗，提升医疗服务效能；在旅游与电商行业，则能借助数字媒体技术提供沉浸式、个性化的用户体验，加快产业的数字化转型与升级步伐。

3）个性化与定制化服务趋势

面对用户需求的日益多样化和个性化，数字媒体技术将更加注重提供定制化服务。借助用户画像与数据分析技术，数字媒体技术能够精准捕捉用户的兴趣与需求，实现内容的个性化推荐与服务。这种服务模式不仅提升了用户满意度与忠诚度，也为数字媒体技术探索了新的商业模式与盈利途径。

4）智能化与自动化趋势

智能化与自动化将成为数字媒体技术未来发展的关键趋势。通过引入人工智能与自动化技术，数字媒体技术将实现内容的自动生成、编辑与优化，大幅降低人力与时间成本。同时，智能化技术还能提升内容质量与安全性，确保内容的合法合规。此外，智能化技术还为数字媒体技术提供了高效便捷的管理与运营手段，推动产业向智能化、自动化方向转型升级。

任务3 项目实践——数字媒体技术在旅游行业的应用

任务目标

知识目标

➢ 认识数字媒体技术在旅游行业的应用。

能力目标

➢ 能够设计基于大数据技术的旅游行业应用场景。

素养目标

➢ 培养良好的职业道德。

➢ 培养坚强的意志和较强的团队协作意识。

任务说明

数字媒体技术的广泛应用，不仅重塑了媒体行业，而且促进了新闻、娱乐、教育、广告等领域的数字化转型。通过本任务的学习，认识其在旅游行业的应用。

任务实现

案例1 数字敦煌。

数字敦煌是由敦煌研究院主导的数字化保护与展示工程，运用高精度三维建模、虚拟现实（VR）、增强现实（AR）等技术，对莫高窟壁画、彩塑及建筑进行全方位数字化采集与永久保存，覆盖492个洞窟、4.5万平方米壁画，并建成全球共享的在线平台（e-dunhuang.com，图1-9），提供30个经典洞窟的360°全景漫游和超高清细节展示，用户可在线观察跨越10个朝代的艺术瑰宝。项目通过动态复原、裸眼3D等创新展陈，重现丝路驼队、飞天壁画等历史场景，支持学术研究与文创开发，累计访问量超千万次，用户的访问IP地址覆盖78个国家，成为联合国教育、科学及文化组织认证的文化遗产保护典范，推动敦煌艺术突破地域限制，实现全球共享与活态传承。

图1-9 数字敦煌主页

案例 2 中国工农红军强渡大渡河纪念馆“互联网+长征”。

中国工农红军强渡大渡河纪念馆“互联网+长征”数字化展示与传播项目，是由该纪念馆联合北京清华同衡规划设计研究院、中国联通共同打造的红色文化数字化创新工程。该项目运用三维建模、虚拟漫游、全息投影等前沿技术，动态还原强渡大渡河战役的历史场景与文物细节，构建线上线下融合的沉浸式体验体系（图 1-10）。观众可通过互动平台“云游”纪念馆，参与“虚拟文物修复”“战役推演”等特色功能，直观感受长征精神内涵。该项目整合遗址保护、文化传播与党史教育功能，建设成移动端数字资源库，访问人次超过千万，成为长征国家文化公园建设中“科技赋能红色基因传承”的标杆案例，助力革命精神在数字化时代焕发新活力。

图 1-10 “互联网+长征”数字化展示

知识拓展

数字媒体技术核心要素

数字媒体技术的核心要素主要如下。

（1）数字技术：作为基石，数字技术实现了信息的数字化表示，为高效处理与传输提供了可能。

（2）计算机图形学：支撑从二维到三维的视觉内容创作，是动画、游戏、影视特效等行业不可或缺的技术。

（3）多媒体技术：集成多种信息形式，实现信息的综合表达与交互体验。

（4）网络技术：特别是互联网与移动互联网，为数字媒体内容的分发与传播提供了广阔的平台。

（5）人机交互：通过用户界面设计、虚拟现实、增强现实等技术，提升用户的参与度和体验质量。

思考与练习

数字媒体技术在旅游行业还有哪些应用？

项目评价

完成下列任务评价表。

评分内容	分数	自评分	互评分	教师评分	其他评分
课前预习完成情况	10				
知识目标完成情况	20				
能力目标完成情况	20				
素养目标完成情况	20				
课后任务完成情况	10				
课外拓展完成情况	10				
其他	10				
总分	100				
综合评价（自评分×20%+互评分×20%+教师评分×40%+其他评分×20%）					
学习体会					

项目4　区块链技术概述

项目背景

区块链技术作为新一代信息技术的代表，近年来在全球范围内引起了广泛关注。它不仅在金融领域展现出巨大的应用潜力，还在供应链管理、版权保护、数字身份认证等多个领域发挥着重要作用。本项目主要介绍区块链技术的基本概念、特点、面临的挑战及其在旅游行业的应用。

任务1　区块链技术的基本概念

任务目标

知识目标

- 掌握区块链技术的概念。
- 了解区块链的3个基本要素。

能力目标

- 具备旅游行业对区块链技术应用的需求分析能力。

素养目标

- 培养良好的职业道德。
- 培养坚强的意志和较强的团队协作意识。

任务说明

区块链技术不仅代表了计算机科学和信息技术的前沿进展，更预示着一个全新的数字经济时代的到来。通过本任务的学习，了解区块链的概念及基本要素。

任务实现

步骤1 掌握区块链技术的概念。

从狭义上来说，根据工业和信息化部2016年发布的《中国区块链技术和应用发展白皮书》所述，区块链技术是一种按照时间顺序将数据区块以顺序相连的方式组合成链式数据结构，并以密码学方式保证不可篡改和不可伪造的分布式账本技术。

从广义上来说，区块链技术是利用块链式数据结构来验证与存储数据、利用分布式结点共识算法来生成和更新数据、利用密码学方式保证数据传输和访问的安全、利用由自动化脚本代码组成的智能合约来编程和操作数据的一种全新的分布式基础架构与计算范式。

一般认为，区块链技术是伴随着以"比特币"为首的数字货币而出现的一项新兴技术，是一种以密码学算法为基础的点对点分布式账本技术，是分布式存储、点对点传输、共识机制、加密算法等计算机技术的新型应用模式。

步骤2 了解区块链的基本要素。

区块链包括以下3个基本要素。

（1）交易：一次操作，导致账本状态的一次改变。

（2）区块：记录一段时间内发生的交易和状态结果，是对当前账本状态的一次共识。

（3）链：由一个个区块按照发生顺序串联而成，是整个状态变化的日志记录。

区块链技术又叫作分布式账本技术，区块链中每个区块保存规定时间段内的数据记录（即交易），并通过密码学的方式构建一条安全可信的链条，形成一个不可篡改、全员共有的分布式账本，如图1-11所示。通俗来说，区块链是一个收录所有历史交易的账本，不同结点之间各持一份，结点间通过共识算法确保所有人的账本最终趋于一致。区块链中的每一个区块就是账本的每一页，记录了一个批次记录下来的交易条目。这样一来，所有交易的细节都被记录在任何结点都可以看得到的一个公开账本上，如果想要修改一个已经记录的交易，需要将所有持有账本的结点同时修改。

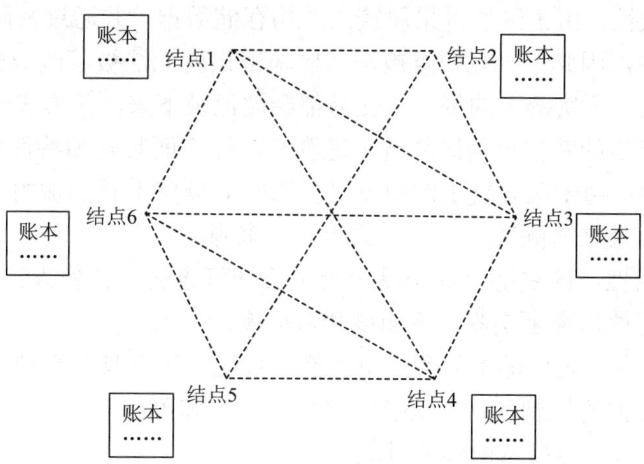

图1-11 分布式账本技术

任务2　区块链技术的特点

任务目标

知识目标

- 掌握区块链技术的核心特性。
- 了解区块链技术面临的挑战。

能力目标

- 具备区块链技术在旅游行业应用场景的适用性判别能力。

素养目标

- 培养良好的职业道德。
- 培养坚强的意志和较强的团队协作意识。

任务说明

区块链技术具有巨大的潜力和价值。通过本任务的学习，掌握区块链的核心特性及其面临的挑战。

任务实现

步骤1 掌握区块链技术的核心特性。

区块链技术的核心特性包括去中心化、不可篡改性、全程留痕、可追溯性、公开透明性和集体维护性等。这些特性使得区块链技术在金融、供应链管理、数字身份认证、选举投票、版权保护等多个领域具有广泛的应用。

（1）去中心化：区块链技术不依赖额外的第三方管理机构或硬件设施，没有中心管制。这种去中心化的特性使得区块链网络更加稳定、可靠和透明。

（2）不可篡改性：由于区块链采用链式结构存储数据，并通过密码学技术确保数据的完整性和连续性，因此，一旦数据被写入区块链，就无法被篡改或删除。

（3）全程留痕：区块链上的每一笔交易都会被记录下来，并形成一个不可篡改的记录链。这种全程留痕的特性使得区块链在追溯和审计方面具有独特优势。

（4）可追溯性：由于区块链上的数据是按照时间顺序不断添加的，因此，可以通过查看区块链上的记录来追溯某一笔交易的历史和来源。

（5）公开透明性：区块链上的交易记录是公开可查的，任何人都可以查看和验证。这种公开透明的特性提高了交易的透明度和可信度。

（6）集体维护性：区块链中的数据块由整个系统中所有具有维护功能的结点来共同维护。这种集体维护的机制使得区块链网络更加稳定和可靠。

步骤2 了解区块链技术面临的挑战。

区块链技术在实际应用中仍面临一些挑战和限制，具体如下。

首先，在技术层面，区块链技术面临的主要挑战是性能瓶颈和可扩展性问题。尽管区块链在数据安全和隐私保护方面表现出色，但其处理速度和吞吐量相对较低，难以满足大规模商业应用的需求。

其次，在法律与监管层面，区块链技术面临着合规性和监管不确定性的挑战。区块链技术的去中心化等特点，使得其在一些传统的监管框架下难以适应。此外，不同国家和地区对于区块链技术的法律认知和监管要求存在差异，这也给跨国区块链应用的推广带来了挑战。

再次，在应用层面，区块链技术还面临着用户体验和接受度的挑战。由于区块链技术的复杂性和专业性，对普通用户来说存在一定门槛。简化区块链应用的操作流程，提升用户体验和接受度，是区块链技术需要解决的关键问题。

最后，区块链技术还面临着社会认知和技术创新的挑战。尽管区块链技术已经得到了广泛的关注和认可，但仍有部分公众对其缺乏了解或存在误解。因此，加强区块链技术的宣传和普及工作，提高公众的认知度和接受度，是推广区块链技术的重要任务。

任务3 项目实践——区块链技术在旅游行业的应用

任务目标

知识目标

- 认识区块链技术在旅游行业的应用。

能力目标

- 能够设计基于区块链技术的旅游行业应用场景。

素养目标

- 培养良好的职业道德。
- 培养坚强的意志和较强的团队协作意识。

任务说明

区块链技术具有高度的可扩展性和灵活性，它可以根据不同的应用场景和需求，进行定制和优化。本任务主要介绍其在旅游行业的应用案例。

任务实现

案例 1 云南开出全国首张区块链电子冠名发票“游云南”。

2019 年 7 月 20 日在由云南省人民政府主办的首届“数字云南”区块链国际论坛上，云南省省长与腾讯副总裁（兼腾讯云总裁）携手，借助“游云南”平台，共同发布了全国首张区块链电子冠名发票（图 1-12）。这款发票不同于传统的电子发票，它实现了纸质冠名发票的数字化转变。依托区块链技术，“游云南”区块链电子冠名发票拥有分布式数据存储、全程可追溯性以及数据不可篡改的特性。此外，通过将资金流与发票流合二为一，在实现交易的同时即可开具发票，极大地简化了开票流程，为游客带来了更加智慧、便捷且安心的体验。

图 1-12　全国首张区块链电子冠名发票

对于景区应用场景而言，区块链电子冠名发票展现出其独特的价值。“游云南”区块链电子冠名发票凭借其显著优势，通过与景区电子门票系统的无缝对接，实现了购票与开票的线上化、同步化，从而构建出一个完整的业务闭环，真正解决了智慧旅游中“最后一公里”的难题。

案例 2 唐卡区块链溯源平台。

唐卡区块链溯源平台基于 FISCO BCOS 区块链技术，利用 WeBASE 区块链中间件实现联盟链网络的运维管理。区块链溯源平台贯穿唐卡的完整生命周期，根据一物一码的原则实现信息及数据的自动采集，并上传到区块链平台，从而保证数据的唯一性、可追溯性和可靠性。消费端通过微信小程序的方式，支持消费者在线查询唐卡溯源信息、画师信息等，提供投诉举报、评价、在线购物等功能，还可以通过 AI 图像识别功能判断购买的画作与链上存储的出厂画作是否是同一幅。

知识拓展

区块链技术原理

1. 分布式数据存储

区块链将数据分散存储在多个副本中，每个结点都保存着完整的数据记录，没有中心化的管理机构。这种分布式存储方式提高了数据的安全性和容错性。

2. 点对点传输

区块链中的结点通过点对点的方式直接进行数据传输，无须通过中心化的服务器。这种传输方式提高了数据的传输效率和安全性。

3. 共识机制

区块链通过共识机制来确保网络中的结点达成一致，从而保持数据的一致性和完整性。常见的共识机制包括工作量证明（proof of work，PoW）、权益证明（proof of stake，PoS）等。

4. 加密算法

区块链使用多种加密算法来保护数据的安全性和隐私性。哈希函数用于将任意长度的数据转换为固定长度的哈希值，以确保数据的完整性和连续性；公钥加密技术则用于实现数字签名和加密通信，以确保交易不被篡改和数据在网络中的安全传输。

思考与练习

区块链技术在旅游行业还有哪些应用？

项目评价

完成下列任务评价表。

评分内容	分数	自评分	互评分	教师评分	其他评分
课前预习完成情况	10				
知识目标完成情况	20				
能力目标完成情况	20				
素养目标完成情况	20				
课后任务完成情况	10				
课外拓展完成情况	10				
其他	10				
总分	100				
综合评价（自评分×20%+互评分×20%+教师评分×40%+其他评分×20%）					
学习体会					

项目5 虚拟现实技术概述

项目背景

在科技的浩瀚星空中，虚拟现实（VR）技术犹如一颗璀璨的新星，正以其独特的魅力引领人们进入一个前所未有的感知与交互新纪元。虚拟现实技术，作为数字技术与人类感官体验的完美融合，不仅打破了物理世界的界限，更是开启了一个充满无限想象与可能性的虚拟空间。本项目主要介绍虚拟现实技术的基本概念、发展历程、技术特点、发展趋势及其应用场景。

任务 1　虚拟现实技术的概念及发展历程

任务目标

知识目标

- 掌握虚拟现实技术的概念。
- 了解虚拟现实技术的发展历程。

能力目标

- 具备旅游行业对虚拟现实技术应用的需求分析能力。

素养目标

- 培养良好的职业道德。
- 培养坚强的意志和较强的团队协作意识。

任务说明

虚拟现实（VR）技术起源于 20 世纪，近年来随着计算机图形处理能力的提升、传感器技术的进步以及智能手机、高性能计算机和云计算等技术的普及，VR 技术迎来了新的发展机遇。通过本任务的学习，掌握虚拟现实技术的基本概念和发展历程。

任务实现

步骤 1 掌握虚拟现实技术的概念。

虚拟现实技术是由美国 VPL 公司创始人杰伦·拉尼尔（Jaron Lanier）在 20 世纪 80 年代初提出的，但在 20 世纪末才兴起的综合性信息技术。作为一项尖端科技，虚拟现实融合了数字图像处理、计算机图形学、多媒体技术、计算机仿真技术、传感器技术、显示技术和网络并行处理等多个信息技术分支，是一种由计算机生成的高技术模拟系统，从而极大地推进了计算机技术的发展。

虚拟现实技术是一种通过计算机技术创建的虚拟环境，使用户能够沉浸其中并与环境互动的技术。它结合了计算机图形学、仿真技术、多媒体技术等多种高科技手段，生成一个逼真的三维视觉、触觉、嗅觉等多种感官体验的虚拟世界，使用户产生身临其境的感觉，如图 1-13 所示。

步骤 2 了解虚拟现实技术的发展历程。

虚拟现实技术的发展历程可以概括为以下几个阶段。

1）萌芽与概念形成阶段

在这个阶段，虚拟现实技术的思想开始萌芽并逐步形成概念。早期的研究主要集中在军事和航天领域，旨在通过模拟真实环境来提高训练效果和保障飞行安全。这一阶段最具代表性的事件包括爱德华·林克（Edward Link）在 1929 年设计的飞行员训练模拟器，以及莫顿·海利希（Morton Heilig）在 1956 年开发的多通道仿真体验系统

Sensorama。这些先驱性的工作为后来的虚拟现实技术发展奠定了基础，标志着人类开始探索如何通过技术手段来模拟和创造虚拟环境。

图 1-13 虚拟现实场景

2）技术积累与初步发展阶段

随着计算机技术和图形处理技术的不断进步，虚拟现实技术开始进入技术积累和初步发展阶段。在这一时期，科研人员开始研发各种虚拟现实硬件和软件，如头戴式显示器、数据手套等，以提供更加沉浸式的虚拟体验。同时，虚拟现实技术也开始逐渐应用于商业领域，如游戏、娱乐和医学教育等。

3）快速发展与广泛应用阶段

进入 21 世纪后，随着计算机硬件和软件技术的飞速发展，虚拟现实技术迎来了快速发展的黄金时期。在这一阶段，虚拟现实技术得到了更多的投资和关注，应用领域也不断拓展。特别是在游戏、娱乐、医疗、教育等领域，虚拟现实技术得到了广泛的应用和推广。同时，随着消费级虚拟现实设备的推出和普及，越来越多的用户开始接触和体验虚拟现实技术带来的全新感受。这一阶段的标志性事件包括 2012 年 Oculus VR 公司成立并推出消费级虚拟现实头戴式显示器 Oculus Rift。

4）成熟与深化应用阶段

当前，虚拟现实技术正处于成熟与深化应用阶段。随着技术的不断成熟和市场的不断扩大，虚拟现实技术的应用范围越来越广，用户体验也越来越好。在这一阶段，虚拟现实技术不仅在游戏、娱乐等领域持续深耕，还在医疗、教育、工业等领域发挥着越来越重要的作用。同时，随着 5G、人工智能等技术的不断融入和推动，虚拟现实技术也将迎来更多的创新和突破。

任务2　虚拟现实技术的特点及发展趋势

任务目标

知识目标

- 掌握虚拟现实技术的特点。
- 了解虚拟现实技术的发展趋势。

能力目标

- 具备虚拟现实技术在旅游行业应用场景的适用性判别能力。

素养目标

- 培养良好的职业道德。
- 培养坚强的意志和较强的团队协作意识。

任务说明

各国政府持续加大对虚拟现实产业的扶持力度，出台了一系列政策推动其稳步发展。元宇宙产业的爆发更是进一步拉动了虚拟现实技术的需求，促进了其快速发展。通过本任务的学习，掌握虚拟现实技术的特点并了解其发展趋势。

任务实现

步骤1 掌握虚拟现实技术的特点。

虚拟现实技术的特点（图1-14）可以概括为以下几个方面。

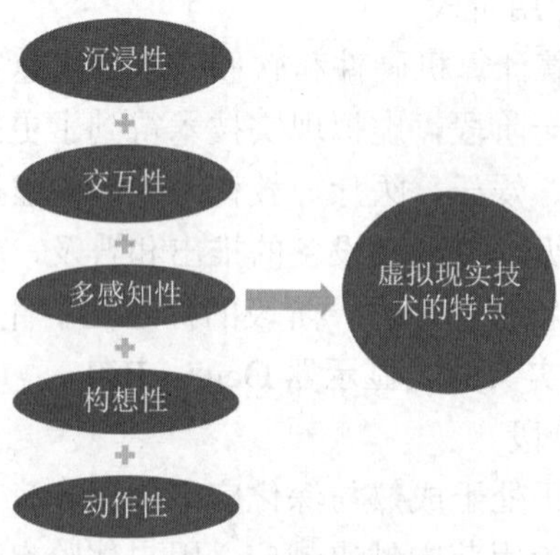

图1-14　虚拟现实技术的特点

1）沉浸性（immersion）

沉浸性是虚拟现实技术最显著的特点。通过计算机生成的虚拟环境，用户仿佛置身于真实世界，感受强烈的沉浸感。这种沉浸感来源于多种感官的刺激，包括视觉、听觉、触觉等，使用户能够全身心地投入虚拟环境中，忘记了周围的实际环境。虚拟现实技术通过高精度的模拟和感知设备，如头戴式显示器、手柄和传感器等，将用户完全包裹在虚拟世界中，提供身临其境的视觉效果和全方位的感官体验。

2）交互性（interaction）

虚拟现实技术赋予用户与虚拟环境实时互动的能力。通过手柄、头戴式显示器等交互工具，用户可以对虚拟世界中的物体进行操作，并即时获得反馈。这种交互不仅限于视觉与听觉，还涵盖触觉、力觉等，使用户能更深入地融入虚拟环境，提升体验的真实感。例如，在虚拟游戏中，用户可操控角色行动，感受游戏内的物理反馈与视觉变化。

3）多感知性（multi-sensory）

虚拟现实技术不仅提供视觉与听觉体验，还融入了触觉、力觉及运动感知等，形成全方位的多感知体验。用户能在虚拟环境中触摸物体，感受其质感与重量；移动时，还能体验到风阻、重力等物理效果。这种多感知性使虚拟环境更加立体、生动，为用户带来更加丰富、真实的体验。

4）构想性（imagination）

虚拟现实技术不仅可满足用户的沉浸需求，更能激发其创造力与想象力。在虚拟世界中，用户可以自由构想、设计并创造，实现现实难以达成的梦想。例如，在建筑、艺术等领域，虚拟现实技术已成为设计师与艺术家实现创意、探索新风格的重要工具。

5）动作性（actionability）

虚拟现实技术允许用户以现实世界的动作与方式操作虚拟系统，这种操作的真实感使用户仿佛置身于真实环境。在虚拟环境中，用户可通过自然的动作与手势与虚拟对象互动，这种操作方式不仅增强了用户的参与感，也使虚拟环境更加贴近现实生活。

步骤2 了解虚拟现实技术的发展趋势。

虚拟现实技术的发展趋势可以概括为以下几个方面。

1）更好的沉浸感与舒适度

虚拟现实技术聚焦于更高分辨率、更广视场角及轻薄化设计。以Pancake光学方案为代表的创新技术显著减轻设备重量并提升视觉清晰度，同时通过可变焦显示等技术缓解视觉疲劳，延长沉浸式体验的可持续性。自然交互成为核心趋势，手势识别、眼动追踪与面部表情捕捉逐步取代传统手柄，使操作更直观自然。虚拟化身的表现力随之增强，社交场景中的临场感显著提升，用户行为与虚拟角色的互动更加真实流畅。

2）混合现实与智能融合

虚拟现实与增强现实的边界正在被重新定义，混合现实（mixed reality，MR）成为技术演进的焦点。新一代设备通过高清彩色透视与环境感知技术，实现虚拟物体与真实世界的无缝融合。例如，苹果Vision Pro展示的虚实叠加场景；人工智能深度嵌入系统，驱动智能内容生成、NPC（non-player character，非玩家控制角色）行为拟真化及个性化交互优化。云计算与5G的协同，则通过云端渲染降低终端算力需求，使轻薄设备亦能承载复杂内容，构建低延迟、高沉浸的实时交互体验。这种“硬件+AI+云”的三位一体模式，正在重塑虚实共生的数字世界。

3）应用场景的深度与广度拓展

VR的应用已突破游戏娱乐的单一维度，向企业级市场与社会服务领域全面渗透。

在客户端场景中，其革新了高危操作培训、远程协作设计、虚拟产品展示及营销模式；在教育领域，沉浸式学习环境打破时空限制，提升知识吸收效率；在医疗健康方面，虚拟现实技术被应用于疼痛管理、心理治疗及手术模拟，推动精准医学发展；对于社交与远程协作场景，则通过“共处一室”的临场感体验，替代传统视频会议，重构人与人的连接方式。从工业到民生，虚拟现实技术正成为百业数字化转型的核心工具。

4）生态成熟与体验普及

随着技术迭代与应用价值的验证，虚拟现实生态系统加速走向成熟。内容生态呈现多元化繁荣，开发者工具链完善及用户生成内容（user generated content，UGC）的兴起，激发创意生产力。跨平台兼容性增强，硬件壁垒被逐步打破，用户基础持续扩大。商业模式创新层出不穷，订阅制、虚拟商品交易及广告变现路径为产业注入可持续动力。这一系列变化正推动虚拟现实技术从专业领域与发烧友圈层，迈向大众化普及阶段，最终融入日常办公、学习与生活场景，成为数字时代的基础交互形态。

任务3 项目实践——虚拟现实技术在旅游行业的应用

任务目标

知识目标

- 认识虚拟现实技术在旅游行业的应用。

能力目标

- 能够设计基于虚拟现实技术的旅游行业应用场景。

素养目标

- 培养良好的职业道德。
- 培养坚强的意志和较强的团队协作意识。

任务说明

随着技术的不断进步，用户体验需求不断提升。虚拟现实技术的不断发展也催生了丰富多彩的内容生态，从游戏娱乐到教育培训，从医疗康复到建筑设计，虚拟现实技术的应用场景不断拓展。通过本任务的学习，了解虚拟现实技术在旅游行业的应用。

任务实现

案例1 成都金沙遗址“考古时空门”。

成都金沙遗址“考古时空门”通过三维建模、高清投影及虚拟现实技术，打造虚实融合的沉浸式体验场景（图1-15）。游客可借助互动设备“穿越”至古蜀祭祀现场，亲手参与虚拟文物发掘，并通过360°全视角观察文物细节，在数字化还原的太阳神鸟金箔、金面具等瑰宝中直观感受古蜀文明的神秘与辉煌，实现历史探索与科技体验的深度结合。

图 1-15 成都金沙遗址体验场景

案例 2 只有河南·戏剧幻城。

只有河南·戏剧幻城（图 1-16）核心的“戏剧”体验中，剧目构思深植于中原文化与黄河文明的沃土，借助高度集成的智能数字系统，包括“声、光、电、画”等尖端科技，为游客营造了一场全方位沉浸式的游园观剧之旅。步入其中，LED 光影技术与“声光电画”一体化智能控制系统的协同作用，引领游客穿越时空，“瞬移”至 1942 年，亲身感受李家村人在逃荒路上的重重艰辛。这种科技与文化的精妙融合，让每一位观众都能通过“视觉、听觉、嗅觉、触觉乃至味觉”的多维感知，深刻触摸到中原文化的深厚底蕴与华夏文明的璀璨光辉。

图 1-16 只有河南·戏剧幻城

案例 3 扬州中国大运河博物馆。

扬州中国大运河博物馆的核心展区——5G 大运河沉浸式体验馆（图 1-17），采用裸眼 3D 技术，融合 5G+VR 的 720° 全景视野与千亿级超高清像素，并融入多媒体互动与增强现实等尖端科技，精心打造了一个以真实比例和丰富故事背景为基础的沉浸式体验空间。该体验馆利用现代媒体艺术的手段，将观众带入一场穿越时空的旅行，沿途穿越17座运河沿岸城市，以数字化和可视化的方式，精彩展现了大运河千年来的历史风貌与文化积淀。这一展览不仅为观众提供了覆盖全流域、全时段、全方位的视角来审视大运河文化，更让游客在领略科技带来的视觉震撼的同时，深刻感受到大运河所承载的丰富历史文化与深远价值。

图1-17 扬州中国大运河博物馆核心展区

知识拓展

虚拟现实技术的核心技术

虚拟现实（VR）技术的核心技术主要包括以下几个方面。

1. 头戴显示技术

头戴显示设备是虚拟现实（VR）系统的核心硬件组件，它利用精密的光学设计，将虚拟图像直接投射至用户眼前，模拟出近距离观看大屏幕的视觉体验。这些设备通常集成了高分辨率显示屏、广角镜头以及头部追踪传感器，能够为用户提供清晰、广阔的视觉画面，并根据用户的头部动作实时调整视角，营造出沉浸式的虚拟世界。

2. 立体显示技术

立体显示技术，如全息投影技术与光场成像技术，致力于呈现逼真的三维影像，增强用户在虚拟环境中的沉浸感。其中，全息投影技术通过在空气或特殊介质中投射光线，构建出立体的三维图像；而光场成像技术，则利用复杂的光纤振动模式，直接将光线聚焦于用户的视网膜，带来电影级别的真实视觉体验。

3. 动态环境与场景建模技术

作为虚拟现实技术的基石，动态环境与场景建模技术涉及利用计算机模拟生成虚拟世界中的物体、场景及其相互作用。3D扫描技术能够快速捕捉真实世界的物体与环境，转化为数字模型；而SLAM（simultaneous localization and mapping 即时定位与地图构建）技术则进一步将真实世界与虚拟世界无缝融合，创造出高度逼真的虚拟环境。

4. 实时三维图形生成与渲染处理技术

实时三维图形生成技术是虚拟现实技术的另一关键要素，要求图形处理单元

(graphics processing unit，GPU)具备快速生成高质量三维图像的能力。渲染处理技术则负责将这些三维模型转换为二维图像，以供计算机显示。为了确保流畅的体验，图形刷新率需保持在至少 15 帧/秒，理想状态下应高于 30 帧/秒。

5. 传感器与感知交互技术

传感器技术包括头部、眼部及手部追踪，用于捕捉用户的动作与位置信息，实现自然、直观的虚拟交互。这些传感器能够收集用户的视觉、听觉及触觉数据，转化为计算机可识别的信号。感知交互技术则进一步增强了虚拟现实的沉浸感与互动性。

6. 力反馈与触觉模拟技术

力反馈与触觉模拟技术是与交互体验相关的技术，它通过各种高精尖的电动机和传感器配合来进行触觉的模拟，为用户提供真实的触觉反馈。这种技术使得用户在虚拟环境中能够感受到物体的质地、重量等物理属性，进一步增强了虚拟现实的真实感和沉浸感。

7. 网络传输与内容生产技术

网络传输技术确保虚拟环境中的数据能够高效、稳定地传输至用户终端，保障流畅的虚拟现实体验。内容生产技术则根据用户需求与应用场景，设计并制作出适用于虚拟环境的多样化内容，涵盖游戏、教育、培训、旅游等多个领域。

思考与练习

虚拟现实技术在旅游行业还有哪些应用？

项目评价

完成下列任务评价表。

<table>
<tr><td>评分内容</td><td>分数</td><td>自评分</td><td>互评分</td><td>教师评分</td><td>其他评分</td></tr>
<tr><td>课前预习完成情况</td><td>10</td><td></td><td></td><td></td><td></td></tr>
<tr><td>知识目标完成情况</td><td>20</td><td></td><td></td><td></td><td></td></tr>
<tr><td>能力目标完成情况</td><td>20</td><td></td><td></td><td></td><td></td></tr>
<tr><td>素养目标完成情况</td><td>20</td><td></td><td></td><td></td><td></td></tr>
<tr><td>课后任务完成情况</td><td>10</td><td></td><td></td><td></td><td></td></tr>
<tr><td>课外拓展完成情况</td><td>10</td><td></td><td></td><td></td><td></td></tr>
<tr><td>其他</td><td>10</td><td></td><td></td><td></td><td></td></tr>
<tr><td>总分</td><td>100</td><td></td><td></td><td></td><td></td></tr>
<tr><td colspan="5">综合评价（自评分×20%+互评分×20%+教师评分×40%+其他评分×20%）</td><td></td></tr>
<tr><td>学习体会</td><td colspan="4"></td><td></td></tr>
</table>

单元2 人工智能之项目管理

【单元简介】

地当今数字化飞速发展的时代，人工智能（AI）与项目管理的深度融合正重塑着各行业的运作格局，开辟全新的发展路径。

随着全球经济一体化进程加速，企业承接的项目愈发复杂、多元，涵盖跨国业务拓展、大型基建、前沿科技研发诸多领域。与此同时，人工智能技术迎来爆发式增长，算力飙升、算法精进、大数据资源充裕。深度学习算法助力 AI 精准预测项目走向；自然语言处理便于高效沟通、自动生成文档；计算机视觉助力施工现场进行实时监控，识别安全隐患，监测施工进度。AI 提供的数据洞察，远超人力经验范畴，赋予项目管理者全景视角，提前化解潜在风险。

在畅享人工智能带来的诸多便利时，项目管理从业者务必坚守根基，牢固掌握项目管理的基本知识。项目管理中的五大过程组——启动、规划、执行、监控与收尾，以及范围管理、成本控制、人力资源调配等关键板块，依旧是把控项目全局的核心准则。人工智能虽然擅长处理海量数据，并从中挖掘深度信息、洞察内在规律，但项目的战略方向把控、团队人际协调，仍离不开管理者的专业素养。

项目管理（project management）是现代企业管理的重要组成部分，广泛应用于旅游、IT、制造、咨询等众多行业。自项目管理理念在 20 世纪中期兴起以来，它已经逐渐发展成为一个成熟的管理学科。项目管理通过一系列有序的流程和方法，确保项目目标的实现，包括项目启动、规划、执行、监控和收尾等 5 个阶段。项目管理以结构化的管理框架为基础，提供了一套标准化的流程和工具，如工作分解结构（work breakdown structure，WBS）、甘特图（Gantt chart）、关键路径法（critical path method，CPM）和项目管理计划等，以便项目经理和团队有效地规划项目进度、控制成本、管理风险和优化资源分配。

项目管理的知识拓展涵盖了从高级风险管理、敏捷项目管理方法的灵活运用，到项目成本估算和控制的高级技巧，再到项目组合管理的战略视角，以及项目质量管理、人力资源管理等专业领域的深入探讨。掌握这些知识点，不仅能提升项目管理的效率，还能提高项目成功的概率，使项目经理和团队成员在职场中更加得心应手，轻松应对各种复杂的项目挑战。项目管理不仅是确保项目成功的基石，也是提升个人职业素养和团队协作能力的有效途径。随着项目管理理论和实践的不断发展，它已经成为现代企业和组织中不可或缺的管理技能。

【思维导图】

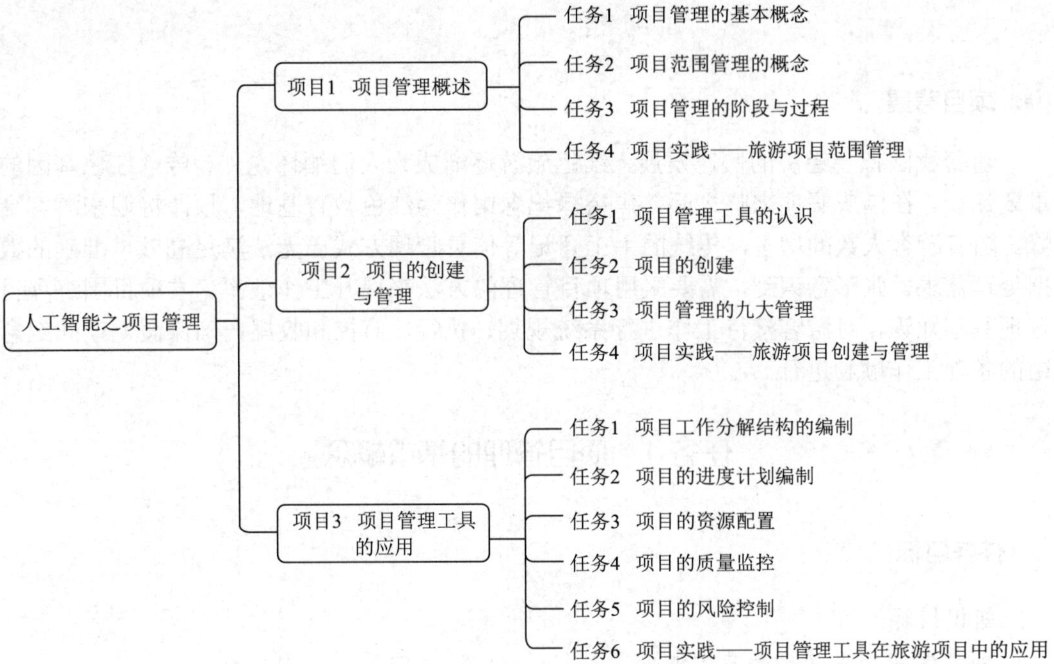
人工智能之项目管理
项目1　项目管理概述
任务1　项目管理的基本概念
任务2　项目范围管理的概念
任务3　项目管理的阶段与过程
任务4　项目实践——旅游项目范围管理
项目2　项目的创建与管理
任务1　项目管理工具的认识
任务2　项目的创建
任务3　项目管理的九大管理
任务4　项目实践——旅游项目创建与管理
项目3　项目管理工具的应用
任务1　项目工作分解结构的编制
任务2　项目的进度计划编制
任务3　项目的资源配置
任务4　项目的质量监控
任务5　项目的风险控制
任务6　项目实践——项目管理工具在旅游项目中的应用

项目1 项目管理概述

项目背景

随着我国社会经济的快速发展，红色旅游逐渐成为人们缅怀先烈、传承红色基因的重要途径。在国庆假期来临之际，焦裕禄纪念馆作为红色教育基地，预计将迎来游客高峰。随着游客人数的增多，传统的手工登记等信息管理方式已无法满足高效、准确的数据处理需求。张影意识到，需要采用项目管理的方法来提升工作效率。本项目围绕项目管理基础知识，对游客接待工作进行系统规划、执行、监控和收尾，确保假期期间纪念馆的各项工作顺利进行。

任务1 项目管理的基本概念

任务目标

知识目标

- 掌握项目管理的基本概念。
- 了解项目管理的意义。

能力目标

- 能够运用项目管理的概念分析实际问题。
- 能够独立制订项目管理计划。

素养目标

- 培养系统化思考和分析解决问题的能力。
- 提升团队合作和沟通协调的能力。
- 培养对项目管理职业道德和责任感的认识。

任务说明

项目是一个旨在实现特定目标、具有明确开始和结束时间的临时性工作或活动，例如，建设一座大楼、开发一款软件、举办一次大型活动或进行市场调研，都可以被视为一个项目。每个项目都需要通过规划、执行和监控来确保目标的实现。项目管理则是应用知识、技能、工具和技术来满足项目的要求，并实现项目目标的过程。本任务主要讲解项目管理的定义以及进行项目管理的意义等知识，为后续的项目管理实践打下坚实的理论基础。

任务实现

步骤1 掌握项目管理的基本概念。

项目管理是管理学的一个重要分支，是一种综合性的管理活动，它涉及一系列的过程、方法和技巧，用于指导项目的启动、规划、执行、监控和收尾，以确保项目能够在规定的时间、预算、范围和质量等要求内完成。项目管理不仅是任务的管理，更是一种战略性的资源协调和利益相关者沟通的艺术。

步骤 2 了解项目管理的意义。

项目管理能够确保项目在有限的资源条件下，实现或超越预定的需求和期望。通过明确项目目标和范围、有效的时间管理、成本控制、质量管理、团队协作和领导、沟通与协调以及风险管理，项目管理可以帮助实现项目的预期目标和效益。它不仅关注项目本身的执行，还对社会、企业、产业等方面产生积极的影响。因此，项目管理是确保项目成功的关键因素，对社会的发展具有重要意义。

1）促进社会经济发展

项目管理通过提高项目的成功率，推动社会经济的发展。例如，旅游项目的成功管理可以促进旅游业的发展，带动当地经济增长。有效的项目管理，可以提升旅游景区的吸引力和服务质量，吸引更多游客，从而增加旅游收入。此外，旅游项目的成功管理还发挥着产业链的辐射效应，可促进酒店业、餐饮业等相关行业的同步增长，进一步带动当地经济的繁荣发展。

2）提高企业竞争力

有效的项目管理可以提高企业的项目执行效率，增强企业的竞争力。通过项目管理，企业可以更好地控制成本、提高质量、按时交付，以满足客户需求。例如，通过精细化的时间管理和成本控制，企业可以更快速地推出新产品或服务，抢占市场份额。此外，项目管理还可以帮助企业优化资源配置，提高资源利用效率，从而降低成本，提高竞争力。

3）提高资源利用效率

项目管理通过合理分配和利用资源，提高资源利用效率。这有助于减少资源浪费，提高资源利用的可持续性。例如，通过资源优化，可以降低项目成本，提高项目效益。此外，项目管理还可以帮助企业识别和利用外部资源，如合作伙伴、供应商等，进一步优化资源配置，提高资源利用效率。

4）提高客户满意度和忠诚度

有效的项目管理可以确保项目按时、按质量完成，提高客户满意度。通过项目管理，企业可以更好地满足客户需求，建立长期的客户关系。例如，精细化的质量管理，可以提升产品和服务的质量，提高客户满意度。此外，项目管理还可以帮助企业及时响应客户的需求和反馈，提高客户忠诚度。

5）促进创新和技术进步

项目管理鼓励创新思维和方法，推动技术进步。通过项目管理，企业可以更好地管理和实施创新项目，推动产品和服务的创新。例如，项目管理可以确保研发项目顺利进行，促进新技术的研发和应用。此外，项目管理还可以促进跨部门和跨文化的合作，激发团队成员的创新潜力，推动企业创新能力的提升。

6）推动可持续发展

项目管理关注项目的长期影响，推动可持续发展。例如，项目管理可以确保旅游项目的开发与环境保护相结合，实现旅游业的可持续发展。此外，项目管理还可以推动企业履行社会责任，关注社会、环境和经济的平衡发展。

任务2 项目范围管理的概念

任务目标

知识目标

- 理解项目范围管理的定义和重要性。
- 掌握项目范围管理的基本流程。
- 学会运用项目范围管理工具和技术来界定项目的工作内容。
- 了解项目范围管理在各个行业中的应用。

能力目标

- 能够独立进行项目需求的搜集和分析，为项目范围界定提供依据。
- 具备编制项目范围说明书的能力，明确项目边界。
- 具备项目团队在项目范围管理方面的沟通协作能力。

素养目标

- 培养学生的系统思维，使其能从全局角度审视项目范围管理。
- 强化学生的责任感和自我管理能力，以应对项目范围管理中的挑战。
- 提升学生的团队协作意识，促进项目范围内的资源共享和协同工作。
- 培养学生主动学习、持续改进的精神，不断提高项目范围管理能力。

任务说明

“特色小镇探索之旅”项目，是某专业旅游公司系列产品中的首发项目。该项目选定了一个具有悠久历史和丰富文化底蕴的小镇作为目的地，该小镇以其独特的建筑风格、传统手工艺、地道美食和自然景观而闻名。张影作为项目经理，任务是策划并执行一次为期三天的旅游活动，确保游客能够全方位、多角度地体验小镇的魅力。本任务主要讲解项目范围管理的定义，如何对项目范围进行界定等知识，为后续的项目管理实践打下坚实的理论基础。

任务实现

作为“特色小镇探索之旅”的项目经理，可以按照以下步骤开展项目范围管理。

步骤 1 范围规划。

（1）制订范围管理计划：首先需要制订一个详细的范围管理计划，该计划应明确如何定义项目范围、如何验证和控制范围，以及如何处理范围变更等。

（2）确定范围管理方法：选择适当的方法和工具，如访谈、问卷调查、专家咨询等，来收集和分析项目需求。

步骤2 范围定义。

（1）需求收集：通过调研和与利益相关者（如小镇当地居民、旅游专家、潜在游客）的沟通，收集关于旅游活动的需求和建议。

（2）定义项目边界：明确项目包括哪些活动（如参观历史建筑、体验手工艺、品尝美食、自然景观游览）和不包括哪些活动。

（3）编写范围说明书：详细描述项目的可交付成果和服务，以及项目的限制条件。

步骤3 创建工作分解结构（WBS）。

（1）分解项目活动：将整个旅游活动分解为更小的、易于管理的任务，如活动策划、预订住宿、交通安排、导游服务、餐饮安排等。

（2）分配责任：为WBS中的每个任务分配责任人和资源。

（3）制订时间表：为每个任务制订时间表和里程碑。

步骤4 范围确认。

（1）审查范围：与利益相关者一起审查范围说明书和WBS，确保所有内容都被正确理解和认可。

（2）获得批准：获得关键利益相关者对项目范围的正式批准。

步骤5 范围控制。

（1）监控项目范围：在项目执行过程中，监控实际工作是否与定义的范围相符。

（2）管理变更：建立变更控制流程，记录和分析所有范围变更请求；评估变更对项目时间、成本和资源的影响；通过变更控制委员会审批变更请求，更新范围说明书和WBS，以反映批准的变更。

（3）防止范围蔓延：确保所有团队成员都了解项目范围，并采取措施防止未经批准的变更。

通过以上步骤，张影可以确保“特色小镇探索之旅”项目的范围得到有效管理，从而提高项目成功的可能性，并确保游客能够获得一次难忘的旅游体验。

任务3 项目管理的阶段与过程

任务目标

知识目标

- 掌握项目管理的阶段和过程。
- 熟悉项目管理各个阶段的具体流程和相互之间的联系。

能力目标

- 具备制订项目计划和设计项目结构的能力。
- 能够有效地执行项目计划，处理项目中的日常操作。
- 运用项目管理思维以系统化地提升日常问题的解决能力。

素养目标

- 培养学生对项目工作的专业态度和责任感。
- 培养学生在项目管理中运用创新思维解决问题的能力。
- 培养学生持续学习的习惯，以适应项目管理领域的不断发展。

任务说明

针对此次“特色小镇探索之旅”项目，请你为项目经理张影设计该项目应该分为几个阶段，以及每个阶段应如何开展相关活动。本任务主要讲解项目管理的阶段及过程等知识，为后续的项目管理实践打下坚实的理论基础。

任务实现

步骤 1 项目启动阶段。项目发起人将制定项目章程，指定项目经理张影并授予相应的权限，明确探索之旅的目标和预期成果。同时，识别并召集所有关系人，包括游客、当地政府和供应商，共同讨论项目愿景，确保项目得到有效支持。

步骤 2 项目规划阶段。将详细规划项目范围，明确“特色小镇探索之旅”项目的具体范围，包括景点、活动、餐饮和住宿。制定时间表和预算，确保每项活动都有明确的质量标准。此外，该项目将组建项目团队，分配资源，并制订风险管理及沟通计划，为项目的顺利执行奠定基础。

步骤 3 项目执行阶段。进入执行阶段，该项目将按照计划招募团队成员，与供应商建立合作关系，包括交通、住宿和活动提供商，并启动旅游活动的预订和宣传。在此过程中，项目团队将密切关注活动的实施，确保服务质量达到预定标准。

步骤 4 项目监控阶段。在项目监控过程中，项目团队将持续监控项目进度和成本，确保一切按计划进行。同时，通过客户反馈和定期检查来控制质量，并对任何可能影响项目的变更进行管理。

步骤 5 项目收尾阶段。项目收尾时，项目团队将确保所有旅游服务圆满完成，通过客户满意度调查来评估项目成效。随后，项目团队将处理所有合同和财务结算，总结经验教训，并将项目文档归档，为未来的项目提供参考。

通过以上阶段和活动的划分，项目经理张影可以有效地管理“特色小镇探索之旅”项目，确保项目目标的实现，并为客户提供高质量的旅游体验。

任务 4　项目实践——旅游项目范围管理

任务目标

知识目标

- 掌握项目范围管理的重要性及其在项目管理中的作用。
- 了解范围规划、范围定义、范围确认和范围控制等关键流程的步骤。
- 学会使用访谈、问卷调查、工作坊等手段有效收集项目需求。

➢ 了解如何利用 WBS 来界定项目范围。

能力目标

➢ 能够独立或通过团队合作完成项目需求的收集、分析和文档化。
➢ 能够准确界定项目范围，并创建详细的 WBS。
➢ 能够在项目团队和利益相关者之间建立有效的沟通机制，确保项目范围的一致性。
➢ 在面对项目范围管理中的问题时，能够提出合理的解决方案并实施。

素养目标

➢ 在项目范围管理工作中，保持认真负责的态度，确保项目目标的实现。
➢ 在项目范围管理过程中，能够与团队成员有效协作，共同解决问题。
➢ 在范围界定和变更管理中表现出高度的细致和严谨性，减少错误和遗漏。
➢ 保持持续学习的习惯，不断学习项目范围管理相关的知识和技能，提升个人专业水平。

任务说明

某软件公司正在开发一个名为“探索云南”的旅游 App，旨在为用户提供一站式云南旅游服务，包括景点介绍、在线预订、行程规划、当地美食推荐等功能。本任务将详细说明项目范围管理的实践步骤。

任务实现

步骤 1 需求收集与范围定义。

项目团队通过在线调查、焦点小组讨论和现有旅游数据分析，收集用户需求。例如，发现用户希望 App 能提供定制化的旅游路线规划服务。基于收集的需求，项目团队定义 App 的核心功能，包括用户注册与登录、景点信息浏览与搜索、个性化行程规划、在线酒店和门票预订、社交分享功能、客户服务支持。

步骤 2 创建工作分解结构（WBS）。

项目团队将 App 开发分解为以下工作包：用户界面设计、后端数据库开发、前端功能实现、集成第三方服务（如支付系统、地图服务等）、测试与质量控制、市场推广与用户反馈。

步骤 3 范围验证。

在 App 的 Alpha 版（内部测试版）完成后，项目团队组织一次范围验证会议，邀请潜在用户和行业专家测试 App 的功能，确保每个功能都符合最初定义的范围。例如，用户测试个性化行程规划工具是否能够根据他们的偏好生成合理的旅游路线。

步骤 4 范围控制与变更管理。

在项目执行过程中，项目团队发现用户对实时翻译功能的需求很高，但这并未包含在最初的项目范围中。团队进行了影响分析，评估添加该功能对项目进度和预算的影响。项目团队根据变更管理流程，提交变更请求，包括新的功能描述、所需资源、时间进度表调整和成本估算。变更请求经审批后，实时翻译功能被添加到项目范围中，并更新了

WBS和相关计划。

步骤5 项目收尾与范围确认。

在App正式上线后，项目团队进行了最终的范围确认，确保所有承诺的功能都已实现，并且满足用户的期望。通过用户反馈和数据分析，项目团队确认了App的成功，例如，发现个性化行程规划功能的用户使用率达到了预期的80%以上。

通过以上步骤，展现了项目范围管理在“探索云南”旅游App项目中的实际应用，从需求收集到项目收尾的每个阶段，项目范围管理都起到了关键作用，确保项目按计划顺利进行。

知识拓展

项目管理之延伸

1. 与其他项目管理知识领域的关联

1）项目时间管理

项目范围的确定会直接影响项目的时间安排。明确的项目范围有助于准确估算项目活动所需的时间，因为每个项目任务的时间估计都基于其在范围内的具体定义和要求。例如，如果项目范围中增加一项新的功能模块开发，那么就需要重新评估整个项目的时间进度，考虑开发该模块所需的设计、编码、测试等各个阶段的时间，以及它与其他相关任务之间的时间依赖关系。反之，如果在项目执行过程中对项目范围进行了合理的缩减，可能会为项目争取到更多的时间缓冲，有助于应对潜在的风险或加快关键路径上的任务进度。

2）项目成本管理

项目范围与成本紧密相连，项目范围的界定决定了项目所需的资源投入，包括人力、物力、财力等方面。每一项在项目范围内的工作都有相应的成本支出，从原材料采购到人员薪酬，从设备租赁到技术研发费用等。当项目范围扩大时，成本必然会增加，可能需要额外招聘人员、采购更多设备或投入更多的研发资金。因此，在项目范围管理过程中，必须充分考虑成本因素，确保项目范围的变更不会导致成本失控。同时，通过有效的成本管理也可以反过来防止项目范围的随意扩大，促使项目团队在既定的成本预算内合理规划项目范围，寻求成本与范围之间的最佳平衡。

3）项目质量管理

项目范围为项目质量管理提供了明确的目标和依据。项目范围内所包含的各项工作成果都有其相应的质量标准和要求，这些标准构成了项目质量管理的基础。例如，在一个软件开发项目中，项目范围规定了软件应具备的功能、性能指标、用户界面设计等方面的要求，这些要求就是质量控制的重点。只有确保项目范围内的所有工作都符合预先设定的质量标准，才能实现项目的整体质量目标。另外，项目范围的变更可能会对质量产生影响，新增加的功能或修改的需求可能需要调整质量控制策略和方法，以保证项目质量不受影响。

2. 项目范围管理的新趋势与挑战

1）新技术应用带来的影响

随着信息技术的飞速发展，如人工智能、大数据、云计算等新技术在项目管理中的应用日益广泛，项目范围管理也面临着新的机遇和挑战。一方面，这些新技术可以为项目范围管理提供更强大的工具和方法，如利用大数据分析来更准确地预测项目需求和市场变化，借助人工智能算法优化项目范围规划和资源分配。另一方面，新技术的应用也可能导致项目范围的不确定性增加，因为新技术的发展和应用本身具有一定的风险性和不确定性，可能会对项目的目标、需求和交付成果产生影响。因此，项目团队需要不断学习和适应新技术，加强对新技术应用场景下项目范围管理的研究和实践。

2）全球化背景下的项目范围管理

在全球化的趋势下，项目团队往往来自不同的地区和文化背景，客户也可能分布在世界各地。这种多元化的环境给项目范围管理带来了诸多挑战，如语言沟通障碍、文化差异导致的需求理解偏差、不同地区法律法规和标准的差异等。为了应对这些挑战，项目团队需要加强跨文化沟通和协作能力，充分了解不同地区客户的需求特点和文化背景，制定符合当地法律法规和标准的项目范围。同时，利用先进的通信技术和协作工具，打破地域限制，确保项目范围在全球范围内得到有效的沟通和执行。

3）敏捷项目管理中的范围管理

敏捷项目管理方法在近年来越来越受到关注和应用，其强调快速响应变化和持续交付价值。在敏捷项目管理中，项目范围管理具有一定的特殊性。与传统项目管理中相对固定的项目范围不同，敏捷项目更注重灵活性和适应性，项目范围在项目实施过程中可能会根据客户反馈和市场变化进行频繁调整。因此，敏捷项目管理更加强调与客户的紧密合作和持续沟通，通过迭代和增量的方式逐步明确和完善项目范围。同时，敏捷项目管理团队需要具备快速适应范围变更的能力，不断调整项目计划和资源分配，以确保项目能够始终围绕客户的核心价值进行交付。

项目范围管理是一个综合性的知识领域，与其他项目管理知识领域相互关联、相互影响，具有重要的战略意义。在面对不断变化的市场环境和技术发展趋势时，项目范围管理也面临着新的挑战和机遇。项目管理者和团队需要不断学习和探索，灵活运用各种方法和工具，加强项目范围管理，以确保项目的成功实施，创造更大的价值。

思考与练习

简答题

1. 简述项目的概念，并根据实际生活，举例说明。
2. 简述项目范围管理的作用以及过程。
3. 根据项目描述，说明如何进行项目的范围管理。

项目评价

完成下列任务评价表。

评分内容	分数	自评分	互评分	教师评分	其他评分
课前预习完成情况	10				
知识目标完成情况	20				
能力目标完成情况	20				
素养目标完成情况	20				
课后任务完成情况	10				
课外拓展完成情况	10				
其他	10				
总分	100				
综合评价（自评分×20%+互评分×20%+教师评分×40%+其他评分×20%）					
学习体会					

项目 2　项目的创建与管理

项目背景

张影在掌握项目管理的基本知识以后，也规划了项目的范围，想根据项目管理的流程，对本次旅游接待项目开展一系列的项目过程管理。本项目的主要任务是完成旅游接待项目的创建与管理。通过本项目的学习，读者要认识项目管理工具，能够创建项目，并掌握项目管理的九大管理。

任务 1　项目管理工具的认识

任务目标

知识目标

➢ 了解项目管理工具的基本概念、分类和功能。

➢ 掌握项目管理工具在项目规划、执行、监控和收尾等环节的应用方法。

能力目标

➢ 能够熟练使用至少一种项目管理软件。

➢ 具备根据项目需求，选择合适项目管理工具的能力。

素养目标

➢ 培养学生严谨、细致的工作态度，遵循项目管理规范和流程。

➢　提升学生的团队协作能力，通过项目管理工具实现高效沟通与协同。

任务说明

本任务旨在引导学习者全面了解常用的项目管理工具，包括但不限于其功能特点、适用场景、操作方法等内容。

任务实现

项目管理软件旨在确保项目能够按照既定的预算、时间表和质量标准顺利推进，它通过分析和管理项目涉及的人员、产品和流程来实现这一目标。这些工具以任务管理为核心，涵盖了项目的整个生命周期，包括立项、启动、规划、执行、监控以及项目的收尾和技术总结。作为一种计算机应用程序，项目管理工具专门用于规划和控制项目资源、成本和时间表，它扮演着收集、整合和分发项目管理活动中的信息和数据的重要角色。根据项目的具体需求和特点，可以选择适合的项目管理工具来优化管理过程。随着企业对项目管理效率和方法的关注度不断提升，市场上出现了众多功能全面、具有代表性的项目管理工具。下面介绍几个常用的项目管理工具。

1. 甘特图

甘特图是一种广泛使用的项目管理工具，用于展示项目进度的可视化图表。甘特图最初由亨利·甘特（Henry Gantt）在 20 世纪 10 年代设计，设计初衷是为了帮助工厂和造船厂更有效地管理生产流程。甘特图，也称为横道图、条形图，通常用图形或表格的形式显示活动，它通过水平条形来表示项目中的任务或活动。每个条形代表一个任务，其长度表示该任务的持续时间，而条形在图表中的位置则表示该任务的时间安排和相对进度。

例如，图 2-1 所示的甘特图中，横轴代表时间，纵轴代表活动，条形代表在整个期间上计划和实际活动的完成情况。通过甘特图，可以清晰地看到每个任务的开始和结束日期，以及任务之间的依赖关系和整个项目的进度，从而帮助项目经理和团队了解项目

项目阶段一

项目内容	开始日期	结束日期	完成天数
需求分析与调研	8月1日	8月5日	5
撰写需求分析报告	8月3日	8月6日	4
原型设计	8月7日	8月10日	3
界面设计阶段目标	8月11日	8月15日	4
任务清单	8月11日	8月15日	4
首页功能开发	8月15日	8月22日	7
单页面功能开发	8月16日	8月25日	9
页面样式开发	8月17日	8月28日	11
页面配色管理	8月11日	8月18日	7
页面图标设计	8月11日	8月20日	9
项目阶段收尾	8月28日	8月30日	2

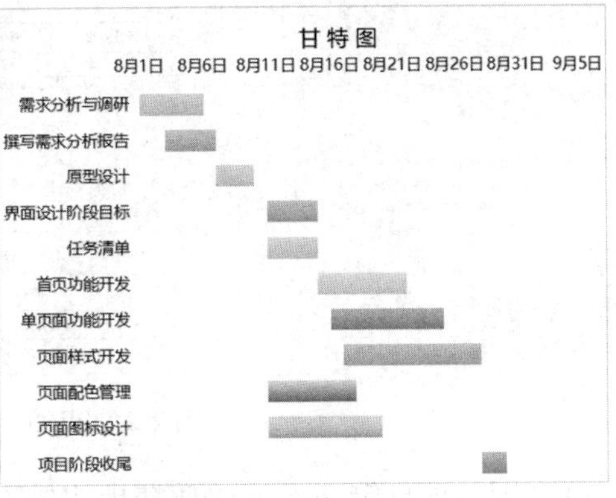

图 2-1　甘特图

的整体时间框架和各个任务的持续时间，帮助项目经理识别关键路径和潜在的风险点。甘特图还可以作为与项目团队和利益相关者沟通的工具，确保每个人都对项目进度有共同的理解。除此之外，甘特图还具备简单、醒目、便于绘制等特点，可以运用专业的软件绘制，如 Gantt Designer、Gantt Project、Microsoft Project 等，也可以在 Microsoft Excel 中手动绘制甘特图。

2. PERT 图

PERT（program evaluation and review technique，计划评审技术）图，又称箭线图，是一种逻辑图，用于项目和任务的分析和时间管理。PERT 图通过显示活动的顺序和依赖关系，帮助团队更好地理解项目的流程和关键路径。

PERT 是一种基于网络分析的计划制订与评估工具。它能够对计划中的各个任务进行协调，合理分配资源，包括人力、物资、时间和资金，从而加快计划实施的进程。在当代计划编制和分析领域，PERT 得到了广泛应用，成为现代管理不可或缺的工具之一。

PERT 图，与流程图相似，它展示了项目中各项活动的执行顺序，并标注了每项活动的预计时间或相关成本，用关系模型展示信息，用方框代表任务，箭头代表任务之间的关系，如图 2-2 所示。在绘制 PERT 图时，有 3 个核心概念需要被定义：事件（events）、活动（activities）和关键路径（critical path）。

（1）事件：代表一个主要活动完成的特定时刻。

（2）活动：是指从一个节点过渡到另一个节点的操作过程。

（3）关键路径：是由一系列耗时最长的节点和任务组成的序列。

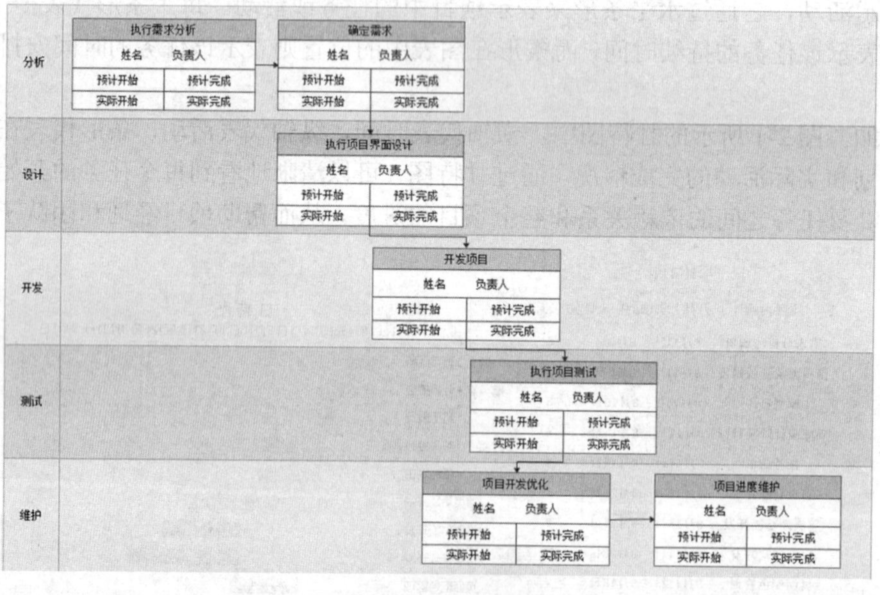

图 2-2 PERT 图

通过 PERT 图，项目管理者能够便捷地比较不同行动方案的效果，从而选出最优的计划来推进项目。这种图形化的工具为项目管理的决策过程提供了直观的支持。

3. 日历

日历是基于时间的项目管理工具，它能够更好地管理每天、每周或每个月的行程，其优势在于可以添加各种待办事项列表，用以提醒某个时间需要完成的事项，确保事情能在截止日期前完成，如图 2-3 所示。

图 2-3　日历

4. 工作分解结构图

工作分解结构（WBS）图是一种树状的项目管理工具，它将整个项目按照层次结构进行拆分，使得项目管理更加清晰和有序。在这个结构中，顶层的元素是项目的最终目标，随后逐步向下分解为更小的、可管理的子项目或任务，这些子项目继续细分为具体的任务单元。WBS 图与流程图有共通之处，各任务单元之间通过逻辑关系相互连接，图中的每个节点使用文字描述或图形标识来阐明其代表的任务内容。图 2-4 展示了软件开发项目的工作分解结构图。

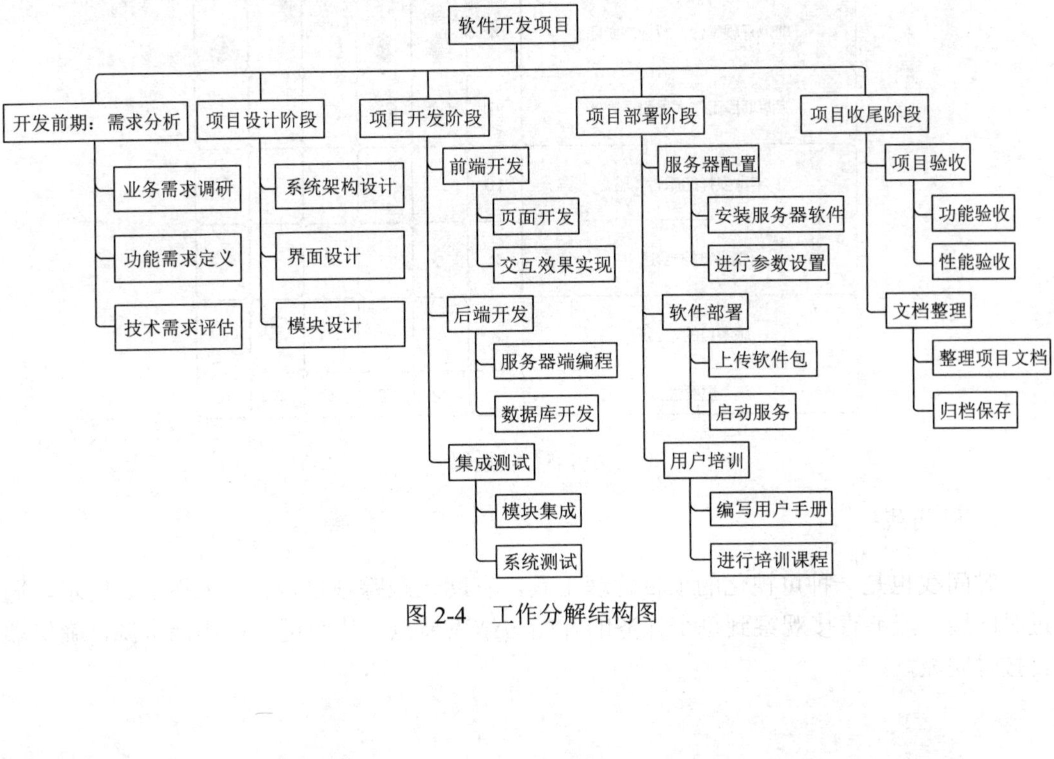

图 2-4　工作分解结构图

5. 质量屋

质量屋（house of quality，HOQ）是一种系统化的工具，用于明确和映射客户需求与产品特性之间的关联，如图 2-5 所示。它在质量功能展开过程中扮演着关键角色，并对团队协作和决策制定提供支持。质量屋的构成要素涵盖了多个部分，主要包括以下内容。

（1）屋顶：代表技术特性之间的相互关系。

（2）技术特性：是指产品设计和开发中的具体技术参数。

（3）关系矩阵：展示顾客需求与技术特性之间的联系强度。

（4）顾客需求：列出客户对产品的期望和需求。

（5）技术评估：对技术特性进行评分，以评估其在满足顾客需求方面的能力。

（6）竞争分析：比较自家产品与竞争对手产品的性能。

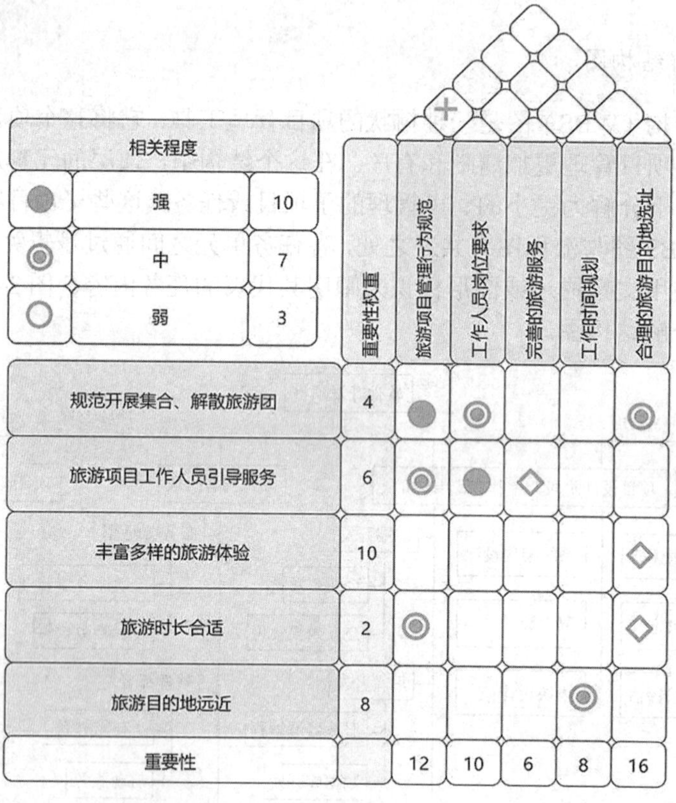

图 2-5 质量屋

6. 时间线

时间线也是一种可视化的项目管理工具，有助于跟踪项目进程，如图 2-6 所示。通过时间线，能够直接观察到每个任务的开始与结束节点，从而更好地协调资源，确保项目按时完成。

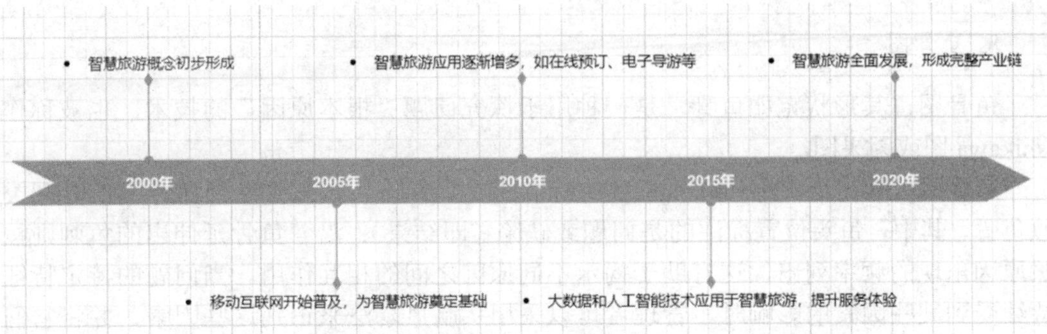

图 2-6　时间线

7. 思维导图

思维导图（the mind map），又称心智导图，是一种展现发散思维的图形化思考工具。它通过结合文字与图像的方法，将不同层次的主题以隶属和关联的形式在层级图中展现出来，并通过关键词与图形、色彩等元素建立记忆联系。这种工具的主要功能是将项目细分为更易于管理的小任务，方便处理待办事项或进行问题分析。思维导图的示意图如图 2-7 所示。

在项目管理中，思维导图极为实用。与其他项目管理工具相比，它的非正式性使得用户使用起来更加灵活。项目经理可以借助思维导图将项目细分为具体任务，创建待办列表，或是进行问题探究。在创建思维导图的过程中，用户可以通过添加图像、关联文件或折叠分支来集中关注特定领域，这是其他工具所不具备的特性。此外，思维导图还允许根据个人偏好调整颜色，而且它能够转换成甘特图，节省了大量时间。

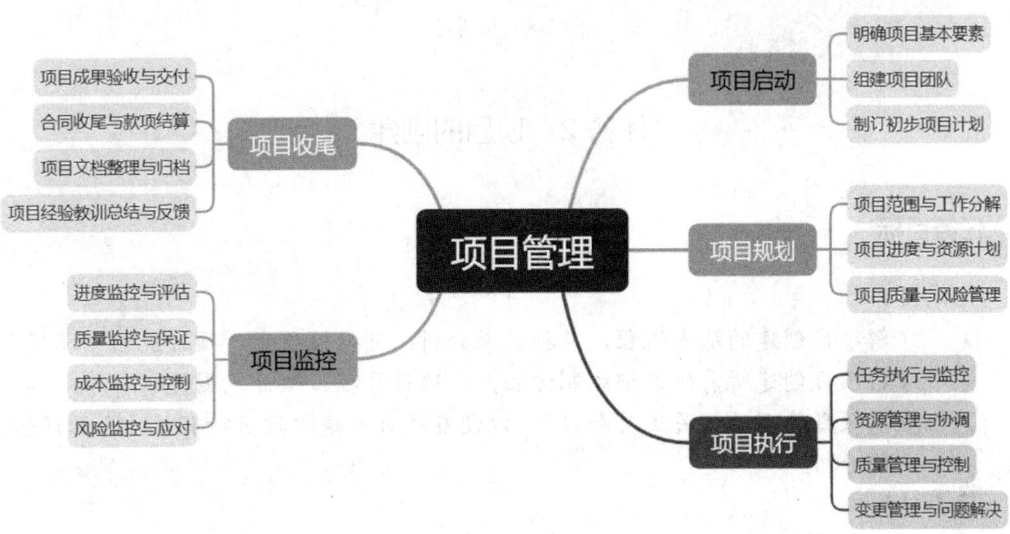

图 2-7　思维导图

8. 鱼骨图

鱼骨图，其形状宛如鱼骨，是一种用于探究问题“根本原因”的技术，也被称作Ishikawa 图或因果图。

鱼骨图以其简洁实用和深入直观的特点而受到青睐。如图 2-8 所示，它的外观类似鱼骨，其中，鱼头位置标注的是问题或缺陷（即结果）；沿着鱼骨延伸出的鱼刺则按照原因出现的频率列出，这有助于揭示不同原因之间的相互作用。当问题的特定特征持续受到某些因素的影响时，管理者可以采用头脑风暴法来识别这些因素，并将它们连同特征值一起，根据相互之间的关联性进行排列，从而形成一个层次清晰、逻辑性强的鱼骨图。在项目执行过程中，如果遇到未按计划进行的情况，可以使用鱼骨图来进行表示。

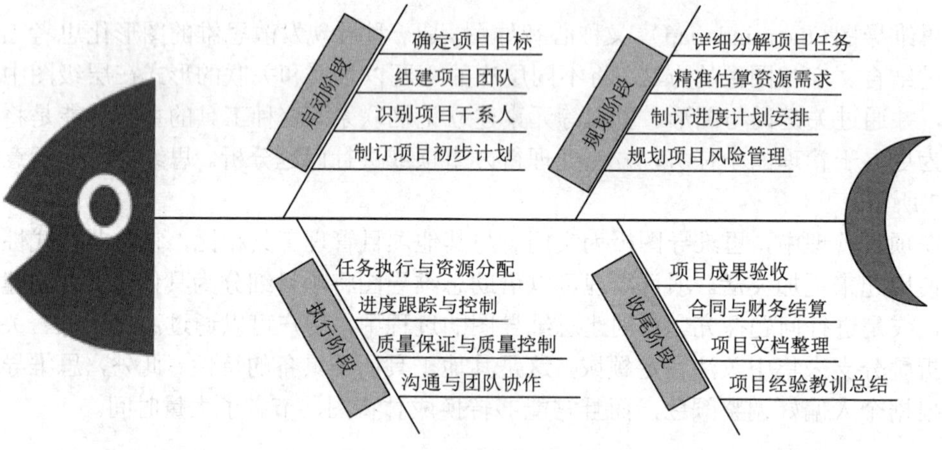

图 2-8 鱼骨图

任务 2 项目的创建

任务目标

知识目标

- 了解项目创建的基本流程，包括需求分析、可行性研究、项目规划等环节。
- 掌握项目创建所需的文档编制方法，如项目章程、项目范围说明书等。
- 熟悉项目管理的相关工具和技术，以便在项目创建阶段进行有效的资源评估和风险分析。

能力目标

- 能够准确识别项目需求和目标，为项目创建提供明确的方向。
- 具备制订项目计划和预算的能力，确保项目在创建阶段就有合理的规划。
- 善于同不同利益相关者进行沟通和协调，以获得对项目创建的支持。

素养目标

- 培养学生严谨的工作态度，在项目创建过程中认真对待每一个细节。
- 提升学生的团队合作精神，能够与团队成员共同完成项目创建的各项任务。
- 培养学生的责任心，对项目创建的结果负责，确保项目顺利启动。

任务说明

本任务以钉钉平台为例，引导学生全面了解项目的创建过程。

任务实现

步骤 1 创建钉钉项目。

在项目启动之初，一般由项目经理来创建项目。以 Windows 版的钉钉为例，打开软件之后，在左侧导航栏中选中“项目”标签，在页面右侧单击“新建项目”按钮，即可创建一个新的项目，如图 2-9 所示。

图 2-9　创建项目

步骤 2 选择模板创建项目。

钉钉中已导入多个常用的项目管理模板，创建项目时，可以选择在页面中预览模板的任务看板、甘特图、项目文件、项目概况、成员工时、数据统计、风险管理等，如图 2-10 所示。选中欲使用的模板，单击页面右上角的“使用此模板”按钮，在“项目名称”文本框中输入本次项目的名称，单击“确定”按钮，便正式完成了项目的创建，如图 2-11 所示。

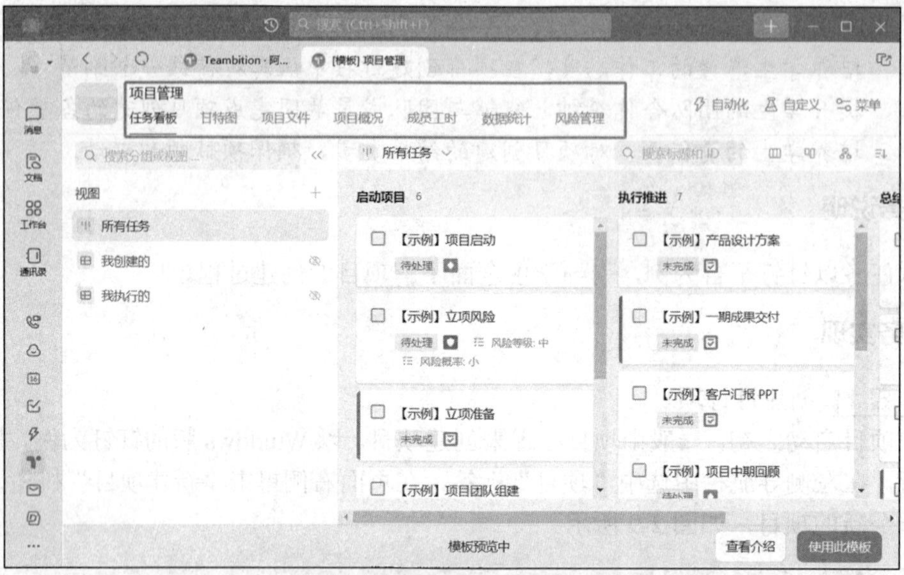

图 2-10　项目管理的任务看板

图 2-11　官方模板

任务 3　项目管理的九大管理

任务目标

知识目标

➢ 掌握项目管理的九大管理。

➢ 学习并理解九大管理所包含的具体管理内容和目的。

能力目标

➢ 能够熟知项目管理过程中的技巧和方法，包括时间、成本、质量、人力资源等。

➢ 能够应用项目管理中的各种工具和技术，以有效地完成项目任务。

素养目标

➢ 强化学生的全局观念和系统思维，能够从整体上把握项目。

➢ 提高学生的沟通协调能力，能够与项目团队成员进行有效的沟通和合作。

任务说明

本任务对项目管理的九大管理进行梳理，引导学生理解项目管理的全过程。

任务实现

《项目管理知识体系指南》是美国项目管理协会（Project Management Institute，PMI）为制定项目管理知识体系（project management body of knowledge，PMBOK）而出版的政策性文件，旨在为项目管理从业人员提供一套全面、系统的项目管理理论和方法。通过掌握这九大管理，项目经理能够更好地规划、执行、监控项目，确保项目目标的顺利实现。项目管理的九大管理包括：项目整体管理、项目范围管理、项目时间管理、项目成本管理、项目质量管理、项目人力资源管理、项目沟通管理、项目风险管理、项目采购管理。

1. 项目整体管理

项目整体管理是指为确保项目所有组成部分在正确的时间整合在一起并协调一致而进行的一系列活动。它包括制定项目章程，明确项目目标和总体方向；制订项目管理计划，整合各个知识领域的计划；指导与管理项目工作，执行计划以实现项目目标；监控项目工作，跟踪进度、成本等绩效指标；实施整体变更控制，确保变更有序进行；最后进行项目收尾，正式结束项目并总结经验教训。项目整体管理贯穿项目始终，对项目的成功起着至关重要的作用。

2. 项目范围管理

项目范围管理旨在明确项目的边界和具体工作内容。它的主要内容包含规划范围管理，确定如何定义、确认和控制项目范围；收集需求，从不同渠道获取项目相关方的具体需求；定义范围，详细描述项目的产出和可交付成果；创建工作分解结构，将项目分解为可管理的工作单元；确认范围，确保项目可交付成果符合要求；控制范围，监督项目范围的变更，防止范围蔓延。项目范围管理确保项目只做且做好必要的工作。

3. 项目时间管理

项目时间管理是指对项目进度进行规划、控制和管理的一系列活动。它的主要内容包括规划进度管理、定义活动、排列活动顺序、估算活动资源、估算活动持续时间、制订进度计划以及控制进度。它的目的在于确保项目能够在规定的时间内完成，合理安排项目各项活动的先后顺序和持续时间，提高项目的执行效率，同时及时发现和解决进度偏差问题，保证项目按时交付并实现项目目标。

4. 项目成本管理

项目成本管理是指对项目成本进行规划、估算、预算、控制的一系列活动。它的主要内容包括：规划成本管理，确定项目成本管理的方法和流程；估算成本，对完成项目活动所需资源成本进行近似估算；制定预算，将成本估算分配到项目的各个活动中，形成成本基准；控制成本，监督项目成本的执行情况，采取措施纠正偏差。它的目的在于确保项目在批准的预算内完成，通过有效的成本管理，合理分配资源，降低项目成本风险，提高项目的经济效益。

5. 项目质量管理

项目质量管理是指为确保项目满足规定的质量要求而进行的一系列活动。它的主要内容包括：规划质量管理，确定项目的质量标准和实现方法；实施质量保证，确保项目过程符合质量要求，为持续改进提供基础；控制质量，监控项目成果是否符合质量标准，识别并纠正质量问题。它的目的在于确保项目交付的产品或服务达到预期的质量水平，满足项目相关方的需求和期望，提高项目的可靠性、稳定性和可持续性，提高项目的竞争力和价值。

6. 项目人力资源管理

项目人力资源管理是指对项目团队成员进行有效组织和管理的一系列活动。它的主要内容包括：规划人力资源管理，确定项目的人员需求、角色和职责；组建项目团队，招募合适的人员加入项目；建设项目团队，提升团队成员的能力和凝聚力；管理项目团队，解决团队中的冲突，激励团队成员高效工作。它的目的在于充分发挥项目团队成员的潜力，提高团队的绩效和执行力，确保项目能够顺利完成项目目标，同时为团队成员的个人发展提供机会和平台。

7. 项目沟通管理

项目沟通管理是指确保项目信息及时、准确地传递和交流的一系列活动。它的主要内容包括：规划沟通管理，确定项目相关方的信息需求和沟通方法；管理沟通，按照规划好的方式进行信息的传递和交流；监督沟通，评估沟通的效果并进行必要的调整。它的目的在于保证项目相关方之间能够顺畅地沟通，避免信息误解和传递不畅，提高项目决策的准确性和执行的效率，促进项目的成功推进。

8. 项目风险管理

项目风险管理是指对项目中可能出现的风险进行识别、评估、应对和监控的一系列活动。它的主要内容包括：规划风险管理，确定风险管理的策略和流程；识别风险，找出可能影响项目目标的潜在风险；进行风险定性分析，评估风险的可能性和影响程度；进行风险定量分析，对风险进行量化评估；规划风险应对，制订应对风险的策略和措施；监控风险，跟踪已识别风险的状态，评估风险应对的有效性。它的目的在于降低项目风险对项目目标的不利影响，提高项目成功的可能性，确保项目在可接受的风险水平下顺利进行。

9. 项目采购管理

项目采购管理是指对项目从外部获取货物和服务的过程进行管理的一系列活动。它的主要内容包括：规划采购管理，确定采购的方法和流程；实施采购，按照规划进行供应商的选择和合同的签订；控制采购，监督合同的执行情况，确保供应商按时、按质、按量交付；结束采购，完成合同的收尾工作。它的目的在于以合理的成本从外部获取项目所需的资源，确保采购过程的公平、公正、透明，保证项目的顺利进行和项目目标的实现。

任务4 项目实践——旅游项目创建与管理

任务目标

知识目标

- 掌握旅游项目创建的原则和方法。
- 熟悉旅游项目管理的内容和流程。

能力目标

- 能够对旅游项目的市场前景、技术可行性、经济可行性等进行可行性分析。
- 能够有效地组织和协调旅游项目的实施过程。

素养目标

- 培养学生勇于创新、敢于创新的理念，培养学生的创业意识和创业能力。
- 提高学生的团队合作精神和沟通能力。

任务说明

本任务引入实际旅游项目案例，引导学生运用所学的项目创建、项目管理阶段和项目管理的九大管理等知识进行项目实践。

任务实现

蓬莱作为一个历史悠久、风景秀丽且充满神话色彩的旅游胜地，拥有蓬莱阁、八仙过海景区、三仙山风景区等众多知名景点。为了更好地整合蓬莱的旅游资源，提升游客的旅游体验，某企业联合当地旅游景区计划联合开发一个名为“云游蓬莱”的小程序项目。

假设企业指定你为该项目的项目经理，请根据本项目任务的相关知识，在该小程序项目开发中运用项目管理知识，从项目经理的角度出发，将项目五大过程组中应该重点完成的工作填入表2-1中。

表 2-1 “云游蓬莱”小程序项目创建与管理的工作重点

五大过程组	重点工作
项目启动	
项目规划	
项目执行	
项目监控	
项目收尾	

知识拓展

组织项目管理成熟度模型

1. 组织项目管理成熟度模型的概念

组织项目管理成熟度模型（organizational project management maturity model，OPM3）是由美国项目管理协会开发的一种用于评估和提升组织项目管理能力的模型。OPM3 主要由以下 3 个维度组成。

（1）项目管理的最佳实践：包括项目管理的各个知识领域和过程组，如项目范围管理、项目时间管理、项目成本管理、项目质量管理、项目人力资源管理、项目沟通管理、项目风险管理、项目采购管理以及项目整合管理等。

（2）能力：涵盖组织在项目管理方面的能力，如领导力、战略规划、资源管理、风险管理能力等。

（3）成果：关注项目管理所带来的成果，如项目的成功率、客户满意度、组织的战略目标实现程度等。

该模型将项目管理成熟度分为 5 个等级：初始级、可重复级、已定义级、可管理级和优化级。每个等级都有特定的特征和关键过程域，组织可以通过评估确定自己所处的成熟度等级，并制订相应的改进计划。

（1）初始级：在这个等级，项目管理处于较为混乱的状态。项目的开展往往比较随意，没有固定的流程和方法可循。项目的成功主要依赖个别能力突出的人员，缺乏系统性的管理。初始级的表现特征具体如下。

① 项目管理过程临时且随意，缺乏规范和一致性。

② 成功高度依赖个人英雄主义，对个人能力依赖大。

③ 没有明确的项目管理方法和流程，每个项目的管理方式差异大。

④ 对项目的监控和控制很弱，项目结果具有很大的不确定性。

（2）可重复级：在这个等级，项目组织开始认识到项目管理的重要性，并建立了一些基本的、可在类似项目中重复使用的流程。有了一定的稳定性，但仍不够完善。可重复级的表现特征具体如下。

① 开始建立基本的项目管理流程，这些流程可以在类似项目中重复应用。

② 认识到项目管理的价值，着手培养项目管理专业人员。

③ 项目成功不再完全依赖个人，有一定的流程和方法作为支撑。

④ 能够对项目进行基本的监控和控制，项目结果的可预测性有所提高。

（3）已定义级：在这个等级，项目组织在这个等级拥有完善的项目管理流程和标准，并且这些流程和标准被文档化，在组织内广泛应用。项目管理成为组织的一项核心能力。已定义级的表现特征具体如下。

① 有完善的项目管理流程和标准，文档化后在组织内广泛推行。

② 项目管理成为组织的核心能力之一，有专门部门或团队负责。

③ 项目团队成员清楚自己的职责和工作流程，能够有效协作和沟通。

④ 对项目进行全面的监控和控制，项目结果具有较高的可预测性。

（4）可管理级：在这个等级，项目管理与组织的战略目标紧密结合，能够对项目进行量化管理，并且可以有效地管理项目组合和项目集，实现资源的优化配置。可管理级的表现特征具体如下。

① 项目管理与组织战略目标紧密相连，项目成为实现组织战略的重要手段。

② 对项目进行量化管理，通过数据分析和指标评估来监控项目的进展和绩效。

③ 能够有效地管理项目组合和项目集，实现资源的优化配置。

④ 持续改进项目管理流程和方法，不断提高项目管理的效率和效果。

（5）优化级：这个等级是项目管理成熟度的最高等级，组织在这个阶段能够不断创新和优化项目管理方法。优化级的表现特征具体如下。

① 项目管理成为组织的核心竞争力之一，组织能够不断创新和优化项目管理方法。

② 项目管理与组织的文化和价值观深度融合，形成良好的项目管理文化。

③ 能够主动预测和应对项目中的各种变化和挑战，项目结果具有高度的可预测性和稳定性。

④ 与外部利益相关者建立良好的合作关系，共同推动项目的成功。

2. 组织项目管理成熟度模型的作用

1）评估组织项目管理能力

组织项目管理成熟度模型可以帮助项目组织全面了解项目管理现状，包括项目的优势和不足。通过评估，项目组织可以确定自己在项目管理各个方面的成熟度水平，为进一步改进提供依据。

2）制订改进计划

根据成熟度评估的结果，项目组织可以制订具有针对性的改进计划。改进计划可以包括培训、流程优化、工具引入等方面的措施，以提高项目组织的项目管理能力。

3）促进持续改进

组织项目管理成熟度模型为项目组织提供了一个持续改进的框架。项目组织可以定期进行成熟度评估，跟踪改进计划的实施效果，并根据评估结果不断调整和完善改进计划，实现项目管理能力的持续提升。

4）提高项目成功率

通过提高项目管理成熟度，项目组织可以更好地规划、执行和监控项目，降低项目风险，提高项目质量，从而提高项目的成功率。

思考与练习

一、选择题

1. 项目创建的第一步通常是（　　）。
   A. 确定项目目标　B. 组建项目团队　C. 进行需求分析　D. 制订项目计划
2. 以下选项中，（　　）是项目风险管理中常用的工具。
   A. 甘特图　B. 鱼骨图　C. PERT 图　D. 思维导图
3. 在项目管理中，项目范围的变更通常需要经过（　　）的批准。
   A. 项目经理　B. 项目团队成员　C. 客户　D. 上级领导
4. 项目进度管理的主要目的是（　　）。
   A. 确保项目按时完成　B. 控制项目成本
   C. 提高项目质量　D. 增强团队合作
5. 项目沟通的主要方式包括（　　）。(可多选)
   A. 面对面会议　B. 电子邮件　C. 即时通讯　D. 报告

二、判断题

1. 项目计划一旦制订，就不能进行调整。（　　）
2. 项目团队成员越多，项目成功的可能性就越大。（　　）
3. 项目范围管理就是要确保项目的工作内容不超出既定的范围。（　　）
4. 项目沟通只需在项目团队内部进行，无须与外部相关方进行沟通。（　　）
5. 项目的成本管理只需要在项目开始阶段进行规划，后续无须关注。（　　）

三、简答题

1. 你所了解的项目管理工具有哪些？它们各有什么特色功能？
2. 在项目管理中，项目沟通管理的重要性体现在哪些方面？请举例说明。
3. 阐述项目风险管理的流程，并说明每个步骤的关键要点。

项目评价

完成下列任务评价表。

评分内容	分数	自评分	互评分	教师评分	其他评分
课前预习完成情况	10				
知识目标完成情况	20				
能力目标完成情况	20				

续表

评分内容	分数	自评分	互评分	教师评分	其他评分
素养目标完成情况	20				
课后任务完成情况	10				
课外拓展完成情况	10				
其他	10				
总分	100				
综合评价（自评分×20%+互评分×20%+教师评分×40%+其他评分×20%）					
学习体会					

项目3 项目管理工具的应用

项目背景

在当今信息化时代，项目管理工具的应用已成为提升工作效率、确保项目成功的关键。本项目立足于焦裕禄纪念馆国庆假期旅游接待项目的实际需求，强调项目管理工具在现代项目管理中的重要作用。本项目旨在通过应用专业的项目管理软件，如Microsoft Project、Tower等，来优化项目规划、执行、监控和收尾等各个环节，确保旅游接待工作有序进行。通过本项目的学习，读者要掌握项目管理工具的使用，并能够将其应用到项目管理的各个阶段中，从而深刻体会项目管理工具在提高项目管理效率和质量中不可或缺的地位。

任务1 项目工作分解结构的编制

任务目标

知识目标

➢ 掌握项目工作分解结构的基本概念、原则和组成部分。

➢ 掌握WBS的编制方法和步骤，包括如何将项目范围和可交付成果分解为更小的、可管理的部分。

➢ 了解在编制WBS过程中可以使用的工具和技术，如WBS模板、专业软件等。

能力目标

➢ 能够根据项目需求，独立创建一个结构合理、层次清晰的WBS。

➢ 能够将项目范围和可交付成果有效地分解为工作包，并为每个工作包分配唯一标识符。

➢ 能够根据项目进展和反馈，对WBS进行必要的调整和优化，以确保其持续适用。

素养目标

➢ 培养严谨的逻辑思维能力，能够系统地组织和分解复杂的项目信息。

➢ 培养对细节的敏锐洞察力，确保 WBS 中的每个工作包都准确无误。
➢ 培养良好的沟通技巧，能够与项目团队成员有效协调，以确保 WBS 得到团队的一致认可和执行。

任务说明

项目工作分解结构可以利用思维导图的工具实现编制。因此，可以利用百度脑图、Xmind 等专业的思维导图制作工具来分解项目。本任务以某旅游景区为迎接国庆假期开展的旅游接待项目，进行项目工作结构的分解，完成项目管理实践。

任务实现

下文以百度脑图在线制作思维导图为例，介绍该项目工作分解结构的创建，具体操作步骤如下。

步骤 1 登录百度脑图，单击“新建脑图”按钮，便可创建一个新的思维导图，如图 2-12 和图 2-13 所示。

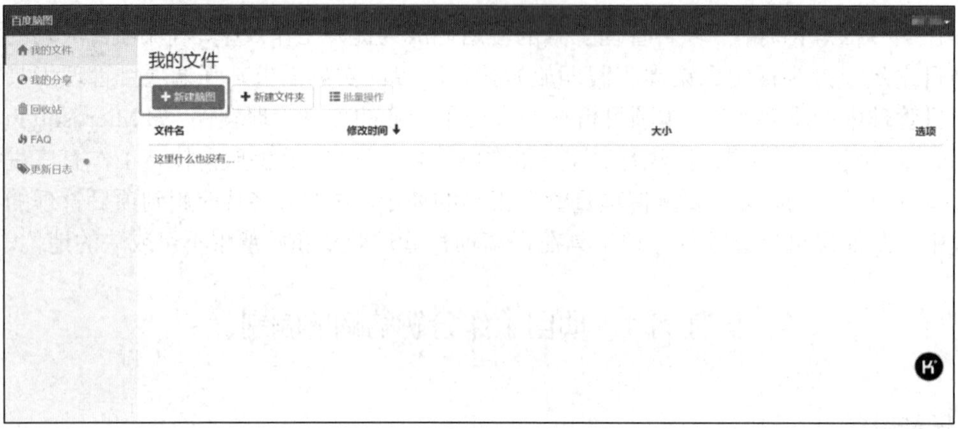

图 2-12　百度脑图界面

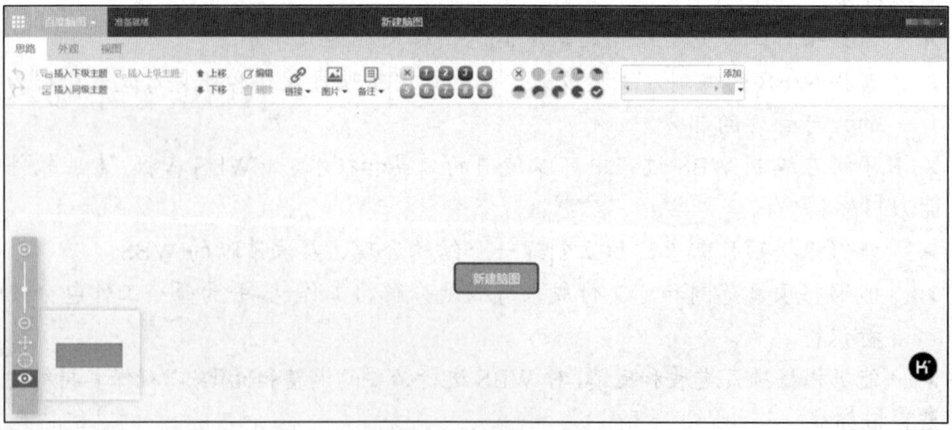

图 2-13　新建脑图界面

步骤 2 在“思路”选项卡中，可根据项目实际，选择插入下级主题或同级主题，选中主题双击进行文本内容输入，如图 2-14 所示。

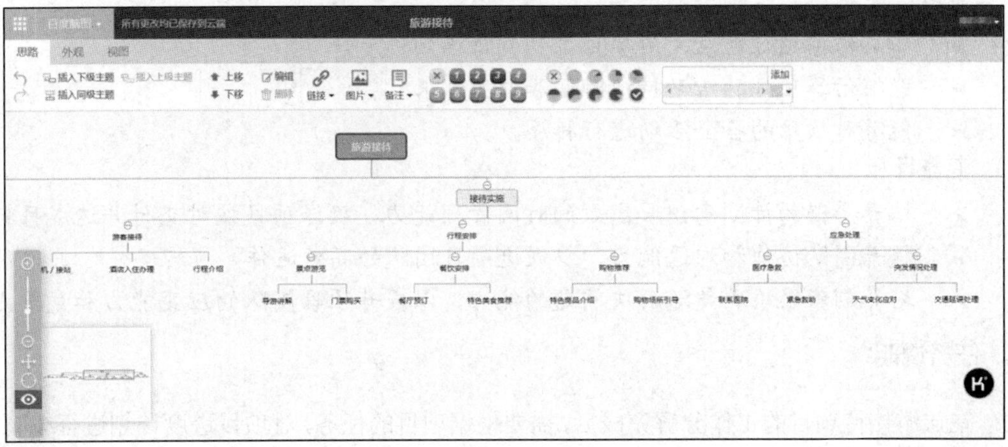

图 2-14　百度脑图“思路”选项卡

步骤 3 在“外观”选项卡中可以设置思维导图的布局方式、整体配色及文字大小等，如图 2-15 所示。

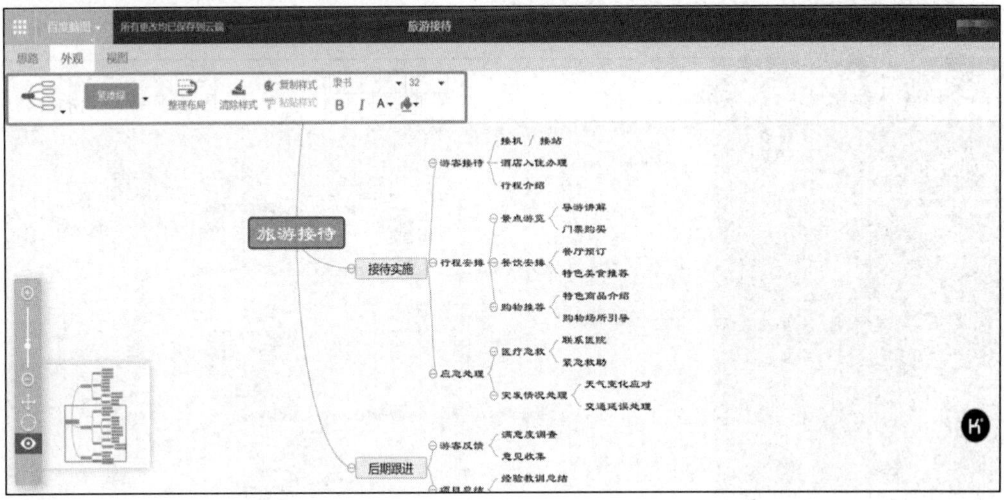

图 2-15　百度脑图“外观”选项卡

任务 2　项目的进度计划编制

任务目标

知识目标

➢　了解进度计划对项目的重要性。

- 掌握项目进度计划的基本编制方法和工具。
- 理解项目进度的监控与调整机制。

能力目标

- 能够根据项目需求，用项目工具制订详细进度计划。
- 能够估算项目的活动持续时间和资源需求。
- 能够对项目的各个活动进行排序。

素养目标

- 培养严谨的计划意识和高效的时间管理能力，确保项目按时交付并达成目标。
- 提升团队协作和沟通能力，以促进项目团队的高效运作。
- 培养创新思维和灵活解决问题的能力，以提升项目团队的应变能力和竞争力。

任务说明

在旅游接待项目的工作分解完成后，需要根据项目的任务，对项目进度计划进行编制。本任务以 Microsoft Project 工具为例，来编制项目进度计划甘特图，进行项目管理实践。

任务实现

步骤 1 打开 Microsoft Project 软件，在开始界面选择“空白项目”选项，如图 2-16 所示，并将其保存为“旅游接待项目计划”。

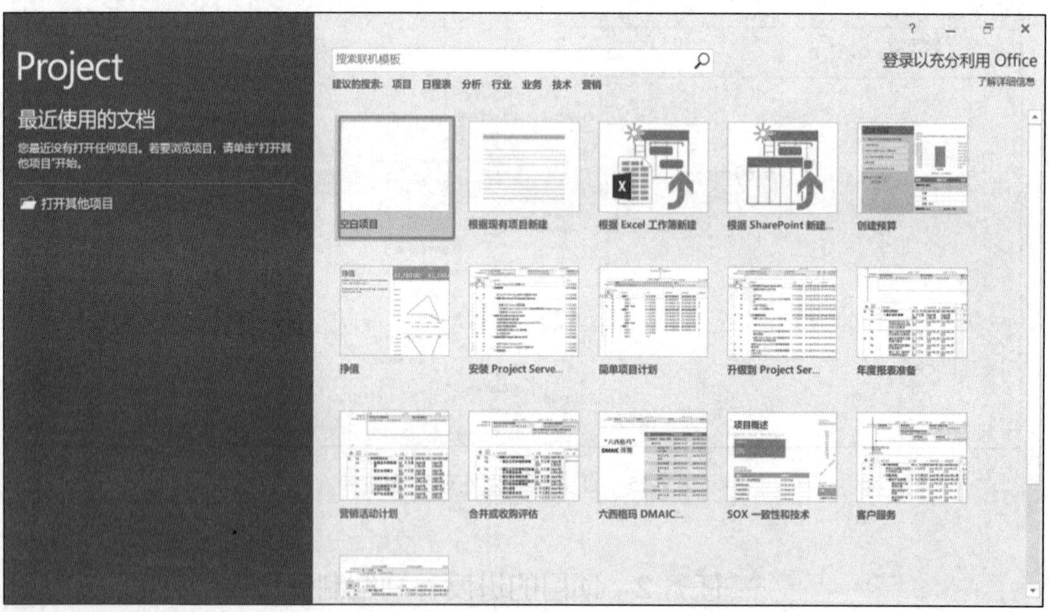

图 2-16 Microsoft Project 创建项目界面

步骤 2 在“任务”选项卡下，选择“视图”组中的“甘特图”选项，然后单击界面左下角的新任务计划，选择“自动计划”命令，这样录入内容时，工期会自动计算，如图 2-17 所示。

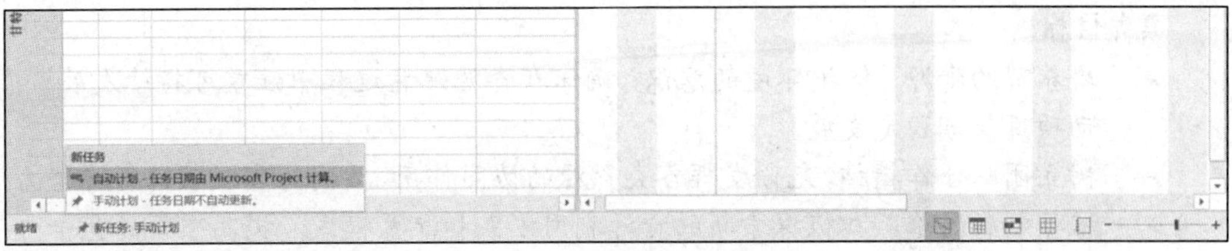

图 2-17　项目信息录入界面

步骤 3 根据前期项目工作分解结构进行任务名称录入，并写入开始时间、结束时间等内容，便可完成项目进度计划甘特图的制作，如图 2-18 所示。

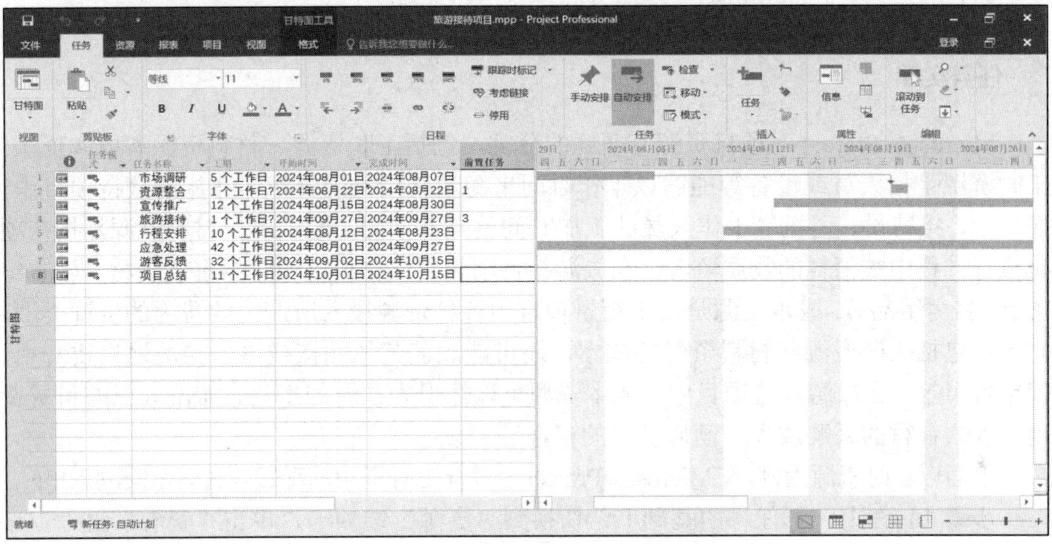

图 2-18　项目进度计划录入完成界面

任务 3　项目的资源配置

任务目标

知识目标

- 了解旅游项目所需的各类资源，包括人力资源、物力资源和财力资源等。
- 掌握资源配置的基本原则和方法，如合理性、高效性、可持续性等。
- 熟悉不同资源在旅游接待项目中的具体作用和价值。

能力目标

- 能够对项目进行全面的资源需求评估，制订详细的资源清单。
- 具备合理分配和调度资源的能力，确保资源在各个环节得到有效利用。
- 能够对资源使用情况进行监控和评估，及时发现资源浪费或不合理使用的现象并加以纠正。

素养目标

- 培养节约资源、保护环境的意识，确保在资源配置过程中注重可持续发展，推动项目长期稳定发展。
- 树立团队合作精神，充分发挥各类资源的协同作用，共同为实现项目目标努力。
- 培养创新思维，积极探索新的资源利用方式和配置模式，提高项目的竞争力。

任务说明

在编制完项目的进度计划后，需要根据项目的计划任务，对项目资源进行配置，方便项目监督和控制项目资源的消耗情况。本任务以 Microsoft Project 工具为例，对项目资源进行明确分类与配置，进行项目管理实践。

任务实现

Microsoft Project 对项目资源有明确的分类，包括工时资源、材料资源和成本资源。工时资源是指人员或设备等能够以工作时间来衡量其投入的资源。在旅游接待项目中，像导游、接待员、司机等工作人员的工作时间就是典型的工时资源。材料资源是指在项目执行过程中被消耗的物质资源。在旅游接待项目中，材料资源包括餐饮食材、旅游纪念品、客房用品等。成本资源是用于衡量项目中各种资源投入所产生的费用的资源类型。它不仅包括工时资源和材料资源的成本，还可能涵盖其他间接成本，如场地租赁费用、营销费用等。在旅游接待项目中，成本资源可以体现为导游的工资、旅游大巴的租赁费用、餐饮食材的采购成本、酒店客房的租金等。

下面以工时资源为例，在Microsoft Project中进行工时资源的配置，具体操作步骤如下。

步骤 1 在上一个任务的基础上，切换到“资源”选项卡，单击“查看”组“工作组规划器”下拉按钮，在弹出的下拉列表中选择“资源工作表选项”，就进入到资源工作表编辑界面，如图 2-19 和图 2-20 所示。

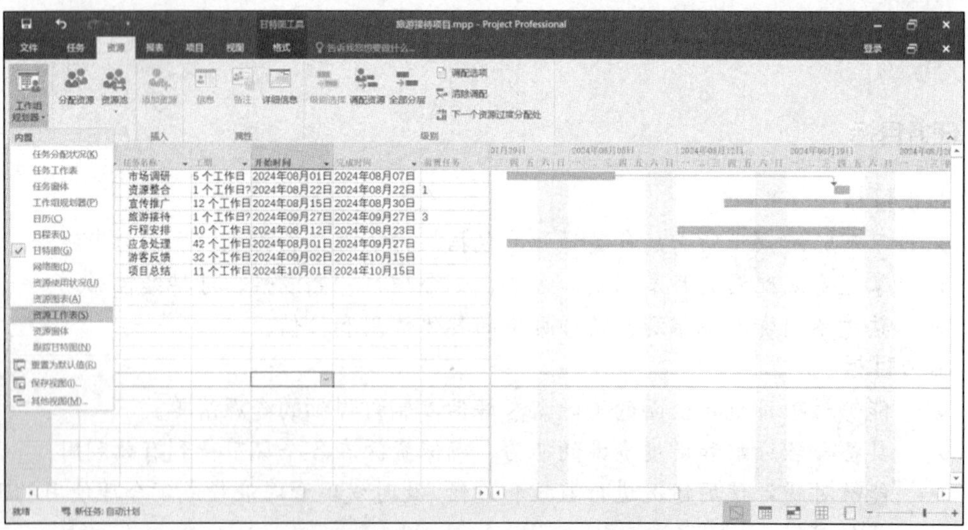

图 2-19　选择项目资源工作表界面

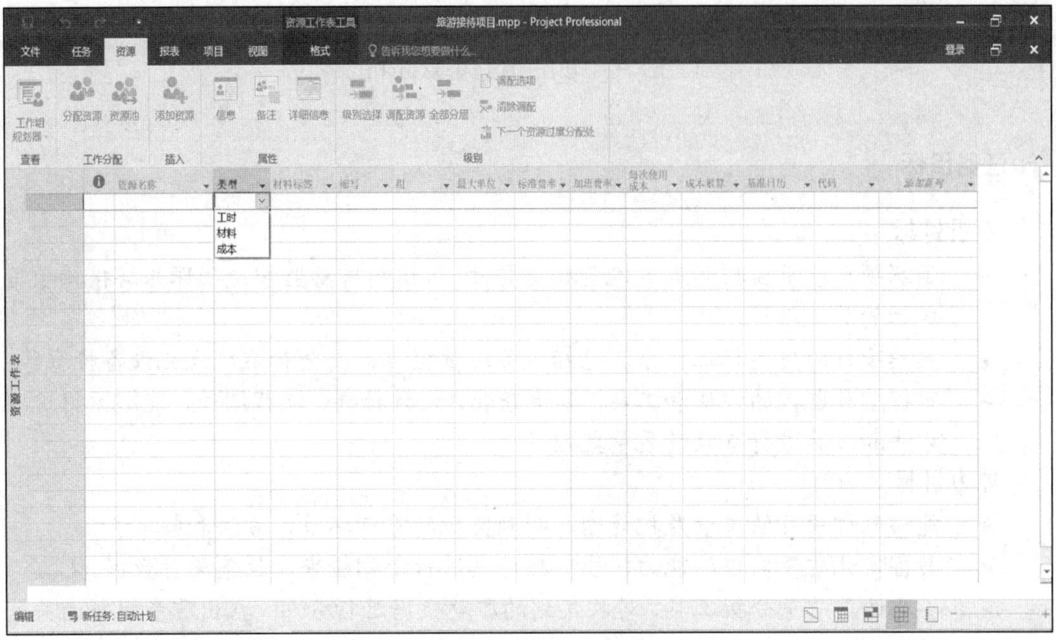

图 2-20　项目资源工作表编辑界面

步骤 2 在项目资源工作表编辑界面，添加所需的各种工时资源，便可完成工时资源的配置，如图 2-21 所示。

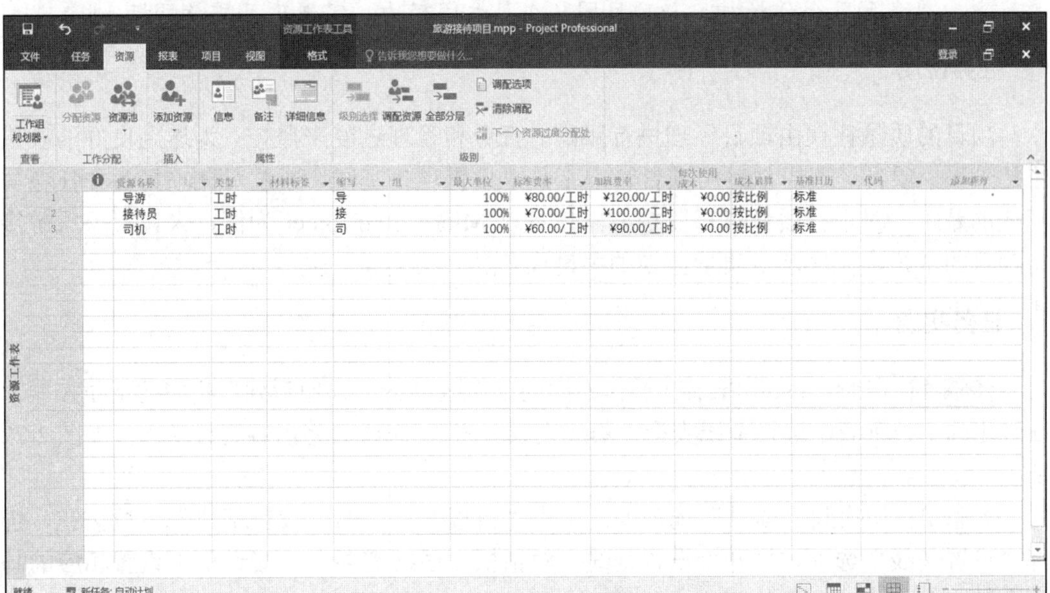

图 2-21　项目资源工作表工时资源界面

任务4 项目的质量监控

任务目标

知识目标

- 了解项目质量监控的基本概念和重要性，认识到质量监控是确保旅游接待项目成功的关键环节。
- 熟悉项目的质量标准体系，包括服务质量标准、安全标准、设施设备标准等。
- 掌握质量监控的方法和工具，如检查表、统计抽样、流程图等，能够运用这些方法和工具进行有效的质量监控。

能力目标

- 能够制订项目的质量监控计划，明确监控的重点环节、方法和频率。
- 具备实施质量监控的能力，能够按计划进行定期检查，收集质量数据。
- 善于运用质量分析工具，对收集到的质量数据进行分析，找出质量问题的关键所在。

素养目标

- 培养严谨认真的工作态度，确保项目质量符合标准。
- 树立客户至上的服务意识，以满足游客需求为出发点，持续优化项目质量。
- 具备团队合作精神，与项目团队成员共同努力，实现项目质量目标。

任务说明

项目的质量往往由项目经理进行跟踪、查看和管理进度来监控。为达到良好的质量监控效果，项目经理经常运用项目管理工具来设置项目基线，通过对比项目各个任务与基线的差距，对项目质量进行监控。本任务以 Microsoft Project 为例，来设置该旅游接待项目的基线，完成项目质量监控的关键环节。

任务实现

步骤1 在 Microsoft Project 操作界面的工作区单击“添加新列”栏中的下拉按钮，在弹出的下拉列表中选择基线类型“基线完成时间”，完成后将内容进行录入，如图2-22所示。

步骤2 切换到“项目”选项卡，单击“日程”组中的“设置基线”下拉按钮，选择“设置基线”选项，打开“设置基线”对话框，根据需要在该对话框中设置相应的基线参数，单击“确定”按钮完成设置，如图2-23和图2-24所示。

步骤3 在完成基线设置后，需要对项目进行质量监控时，可以在“项目”选项卡下单击“属性”组中的“项目信息”按钮，在弹出的对话框中单击“统计信息”按钮。此时，可以在显示的对话框中查看项目信息，并对比项目基线，及时对项目进行调整管理，如图 2-25 和图 2-26 所示。

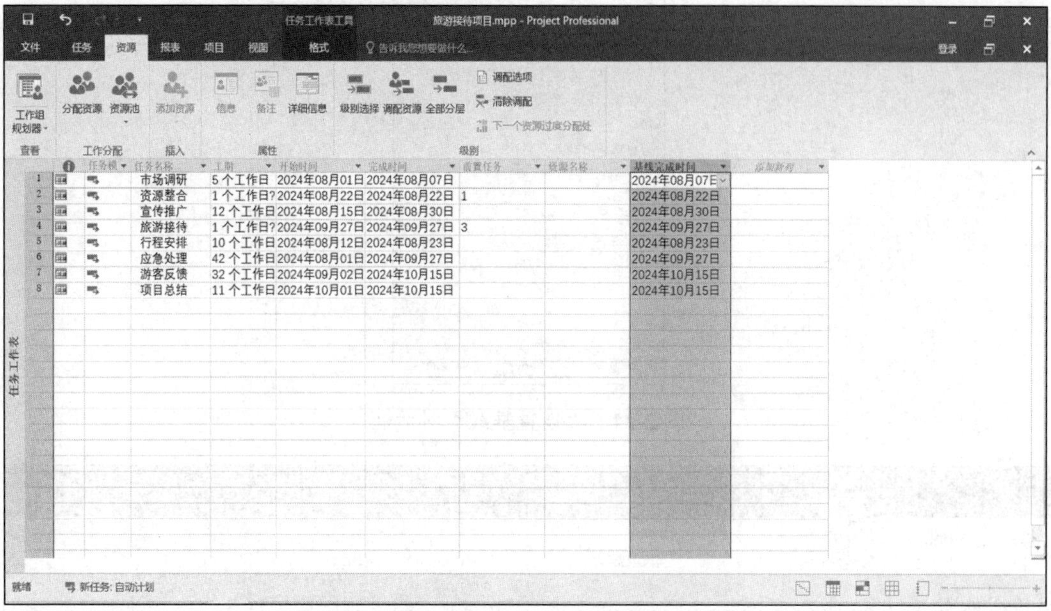

图 2-22　添加“基线完成时间”列

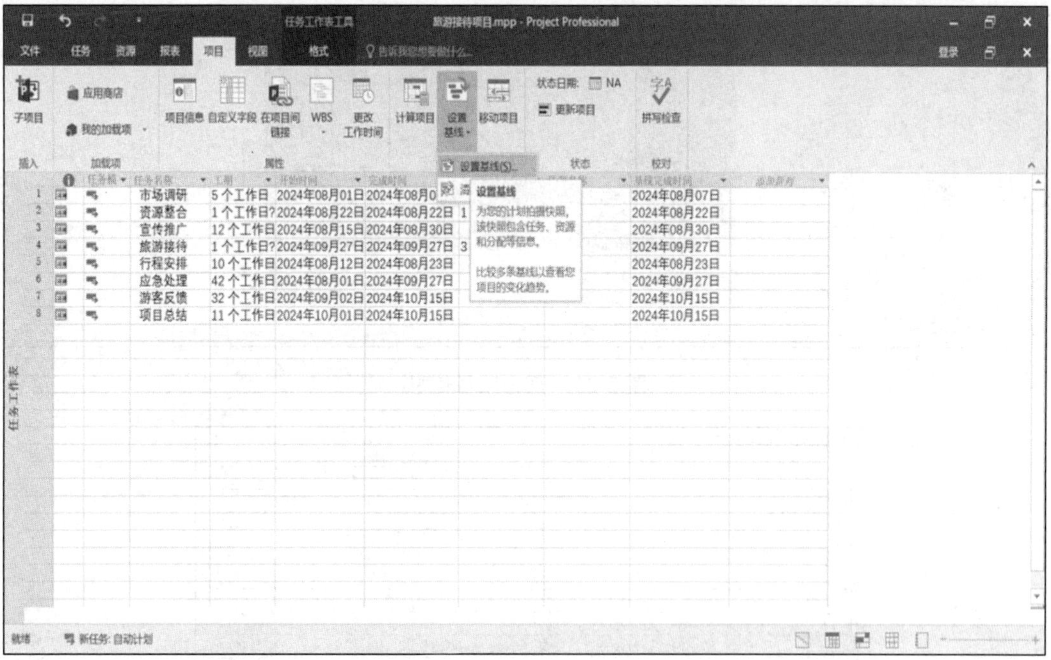

图 2-23　添加“基线完成时间”列

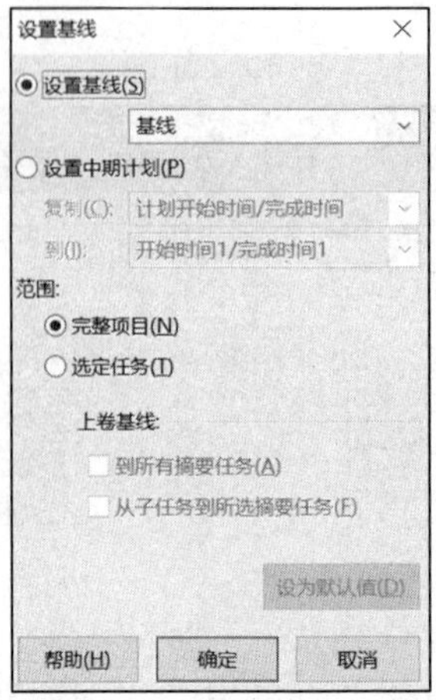

图 2-24 “设置基线”对话框

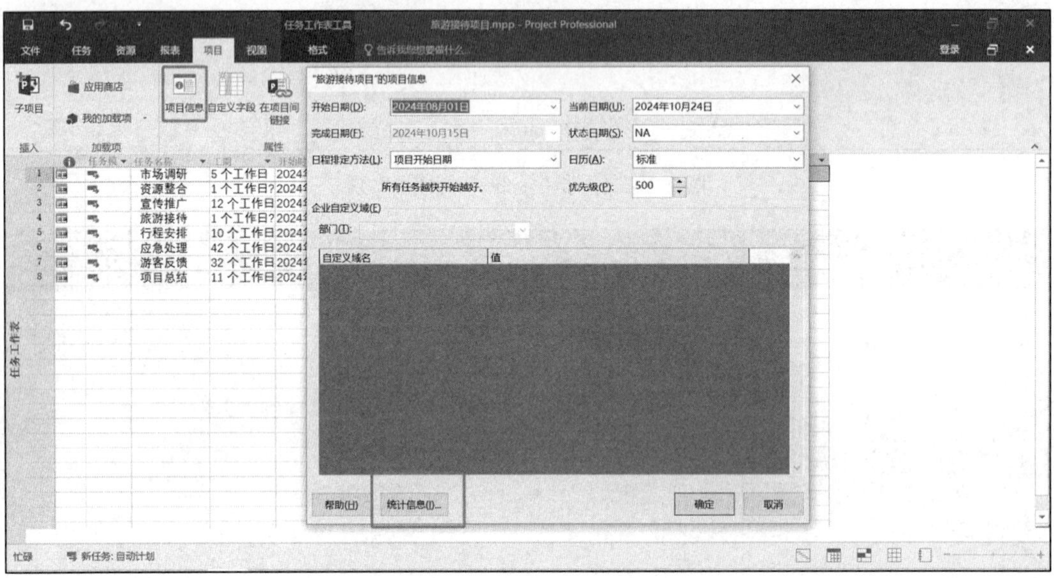

图 2-25 查看项目信息

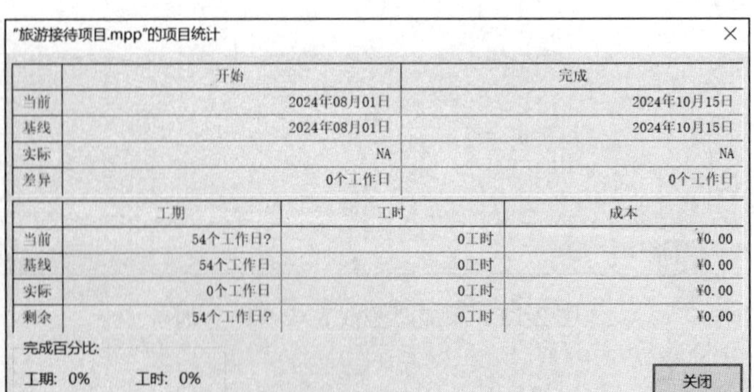

图 2-26 项目统计信息

任务5 项目的风险控制

任务目标

知识目标

- 了解项目风险控制的基本概念和重要性。
- 熟悉旅游项目中可能面临的各种风险类型。
- 掌握风险识别的方法和工具。

能力目标

- 能够制订项目的风险控制计划，明确风险控制的目标、范围、方法和责任分工。
- 能够运用各种方法和工具，全面、准确地识别旅游接待项目中的潜在风险。
- 能够运用量化分析技术，对风险发生的可能性和影响程度进行评估，确定风险的优先级。

素养目标

- 培养敏锐的风险意识，始终保持对潜在风险的高度警惕性，能够主动识别并有效防范风险。
- 树立强烈的责任意识，对项目的风险控制负责，认真履行风险控制的职责。
- 具备团队合作精神，与项目团队成员紧密协作，共同应对项目风险。

任务说明

项目在执行过程中会面临许多潜在的风险，除了通知质量监控来减小风险出现的概率外，还可以运用项目质量管理工具进行一些风险控制功能控制风险。本任务以Microsoft Project 工具为例，对实际项目中经常出现的任务分配资源冲突的项目风险进行控制，进行项目管理实践。

任务实现

以旅游接待项目为例，当某任务在分配资源出现冲突时，在甘特图的编辑界面左侧会显示红色人像标记，这表示资源分配过度，那就需解决这一冲突。解决资源分配风险的具体操作步骤如下。

步骤1 选择出问题的任务，在“资源”选项卡下，单击“工作分配”组中的“分配资源”按钮，打开“分配资源”对话框，如图2-27所示。

步骤2 在“分配资源”对话框中，选择冲突的资源选项，单击“替换”按钮，在打开的“替换资源”对话框中重新分配其他资源以解决冲突，最后单击“确定”按钮即可完成项目资源分配的风险控制，如图2-28所示。

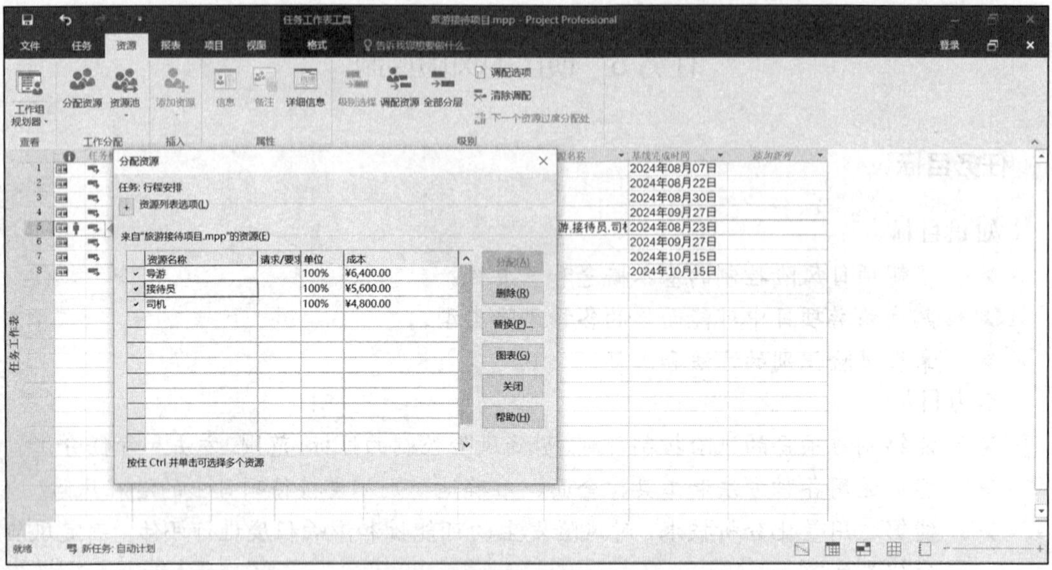

图 2-27 “分配资源”对话框

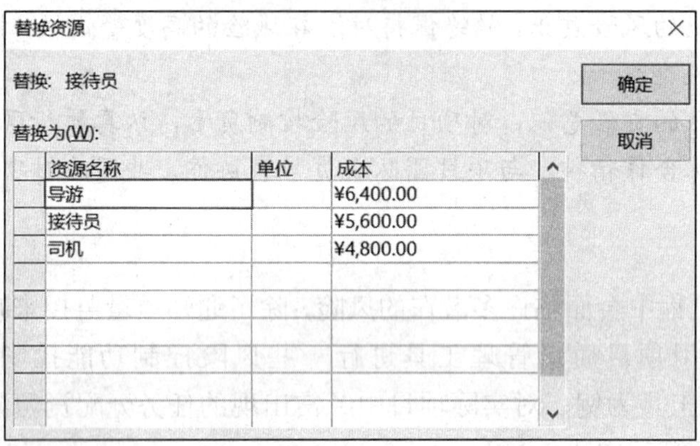

图 2-28 “替换资源”对话框

任务 6　项目实践——项目管理工具在旅游项目中的应用

任务目标

知识目标

- 掌握项目管理工具 Microsoft Project 在旅游项目中的应用。
- 掌握运用项目管理工具进行旅游项目规划的方法，包括制订旅游项目计划、确定项目里程碑、设置任务依赖关系等。

能力目标

- 能够使用项目管理工具进行旅游项目任务分解和时间安排，制订出合理的项目进度计划。

- 能够根据旅游项目的实际情况，灵活调整和优化项目管理工具的使用方法，以适应项目变化和需求。

素养目标

- 培养严谨的项目管理思维，确保项目执行的每一环节都精准无误。
- 树立数据驱动的决策意识，通过数据分析支持项目决策，确保决策的准确和可靠。
- 塑造团队协作精神，通过有效沟通和协作，增强问题解决能力，提升团队整体效能。

任务说明

本任务主要运用百度脑图和 Microsoft Project 对旅游小程序开发项目进行管理。

任务实现

1. 制作思维导图

运用百度脑图对旅游小程序开发项目的各项工作进行分解，具体操作步骤如下。

步骤 1 登录个人百度账号，访问百度脑图官网，在打开的页面中，单击“马上开启”按钮，进入主页面，单击“新建脑图”按钮，双击页面中的文本框，输入“旅游小程序开发项目”文本后保存，如图 2-29 所示。

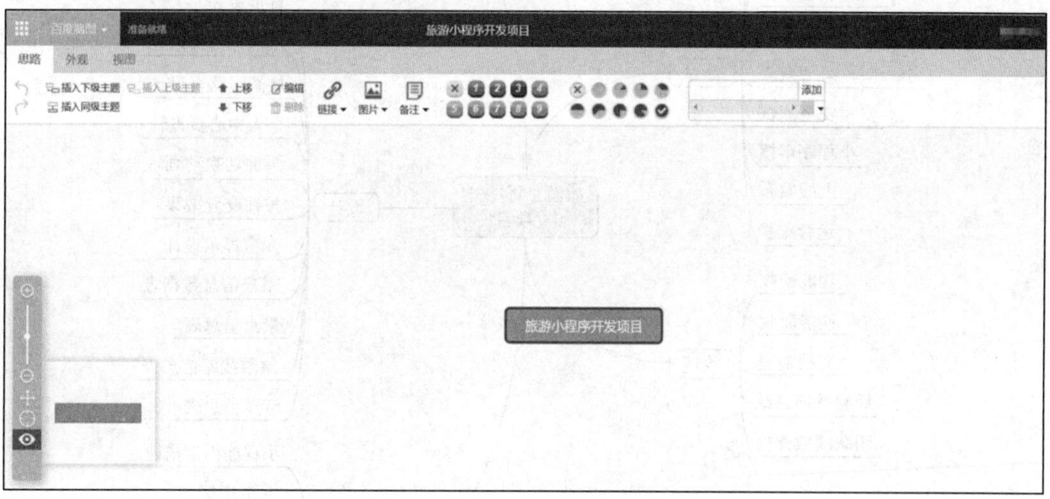

图 2-29　创建项目标题

步骤 2 选中项目标题后，在“思路”选项卡下单击“插入下级主题”按钮，然后再单击 4 次“插入同级主题”按钮，依次录入下级标题内容，如图 2-30 所示。

步骤 3 使用同样的方法为二级标题添加相应的下级标题，并录入内容。运用鼠标全选所有标题，单击“外观”选项卡，将字体设置为“楷体”，字号设置为“18”，效果如图 2-31 所示。

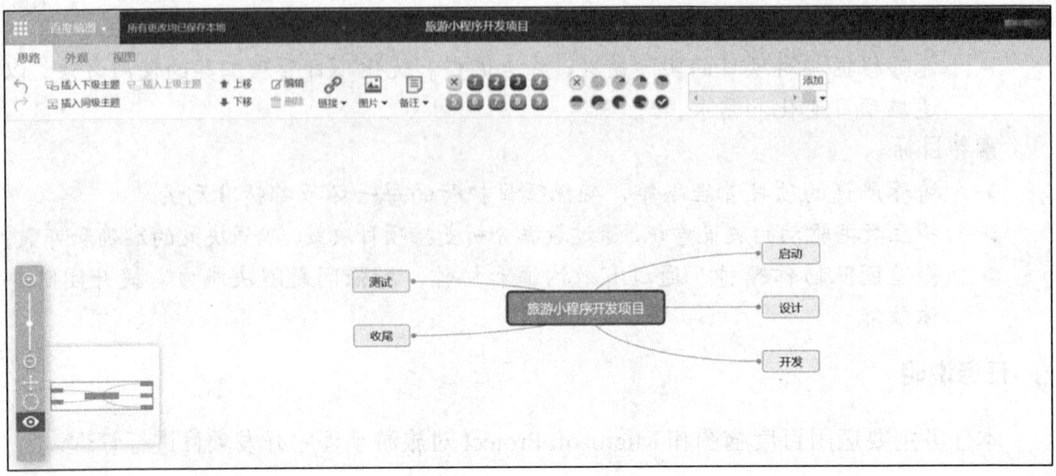

图 2-30　创建项目框架

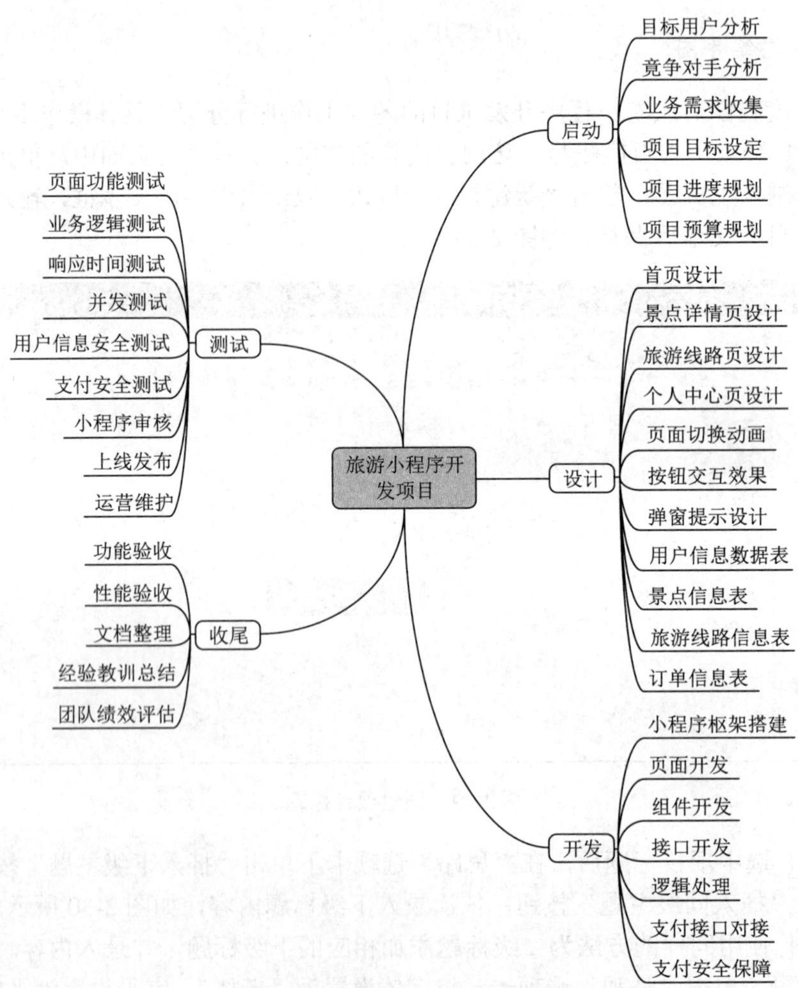

图 2-31　项目工作分解思维导图

2. 配置项目资源

运用Microsoft Project工具编制微信小程序开发项目的进度计划，包括设置工作日、录入工作任务、指定前置任务、添加工时类资源、将资源分配给项目，然后设置时间基线并查看各项目与基线的对比情况，最后通过重新分配资源来解决冲突，控制风险。具体操作步骤如下。

步骤1 打开Microsoft Project工具，新建“空白项目”，并保存为“旅游小程序开发项目”到计算机桌面上。

步骤2 在“项目”选项卡下，单击“属性”组中的“更改工作时间”按钮，打开“更改工作时间”对话框，单击下方“工作周”选项卡，单击右侧的“详细信息”按钮，在弹出的对话框中，在“选择日期”一栏中选择“星期一”选项，选中“对所列日期设置以下特定工作时间”单选按钮，并在下方开始时间和结束时间内进行录入内容。按照同样的方式，将星期二和星期五的工作时间设置为相同内容，单击“确定”按钮完成设置，以此来让该工具自动计算工作时间，不计入周六、周日为工作日，如图2-32和图2-33所示。

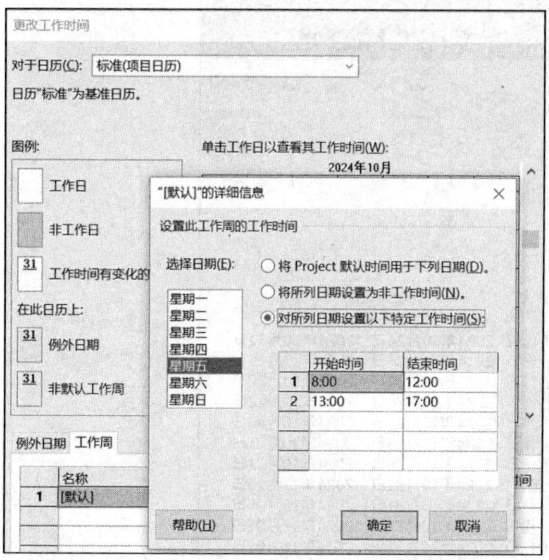

图2-32　设置项目星期一工作时间

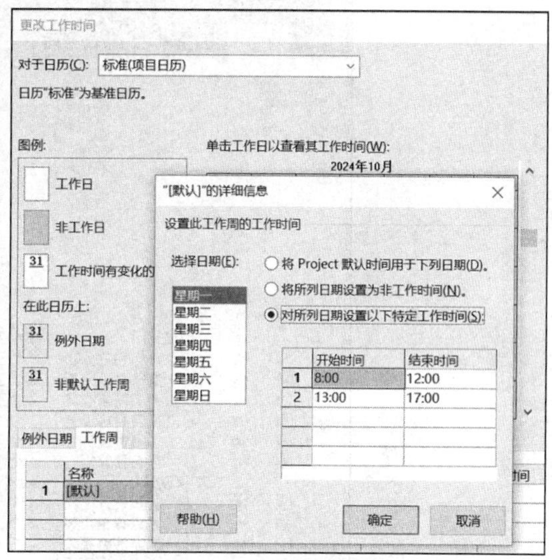

图2-33　设置项目星期五工作时间

步骤3 根据项目工作分解的内容以及每项子任务预计的工期和开始时间，在Microsoft Project的工作区中，先选择任务模式为“自动模式”，然后再进行任务名称、工期、开始时间的录入，完成时间自动计算，如图2-34所示。

步骤4 选择“启动”任务下的所有子任务，单击“任务”选项卡下“日程”组中的“降级任务”按钮进行任务降级，按照同样的方法降级“设计”“开发”“测试”“收尾”下的所有子任务，如图2-35所示。

步骤5 双击“上线发布”任务，打开“任务信息”对话框，切换至“前置任务”选项卡，在“任务名称”栏的第一个下拉列表中选择“小程序审核”选项，其余参数保持默认，单击“确定”按钮，如图2-36所示。此时，“上线发布”任务的前置任务为“小程序审核”，只有当这一个任务完成后，“上线发布”任务才能开始执行，工作区中该任务右侧“前置任务”栏会显示其前置任务对应的行号，如图2-37所示。

	任务名称	工期	开始时间	完成时间
1	启动	6个工作日	2024年10月24日	2024年10月31日
2	目标用户分析	3个工作日	2024年10月24日	2024年10月28日
3	竞争对手分析	3个工作日	2024年10月24日	2024年10月28日
4	业务需求收集	3个工作日	2024年10月24日	2024年10月28日
5	项目目标设定	3个工作日	2024年10月24日	2024年10月28日
6	项目进度计划	4个工作日	2024年10月28日	2024年10月31日
7	项目预算规划	4个工作日	2024年10月28日	2024年10月31日
8	设计	12个工作日	2024年10月31日	2024年11月15日
9	首页设计	4个工作日	2024年10月31日	2024年11月05日
10	景点详情页设计	4个工作日	2024年10月31日	2024年11月05日
11	旅游线路页设计	4个工作日	2024年10月31日	2024年11月05日
12	个人中心页设计	4个工作日	2024年10月31日	2024年11月05日
13	页面切换动画	5个工作日	2024年11月04日	2024年11月08日
14	按钮交互效果	5个工作日	2024年11月04日	2024年11月08日
15	弹窗提示设计	5个工作日	2024年11月04日	2024年11月08日
16	用户信息数据集	5个工作日	2024年11月07日	2024年11月13日
17	景点信息表	5个工作日	2024年11月07日	2024年11月13日

图2-34 编制项目进度计划

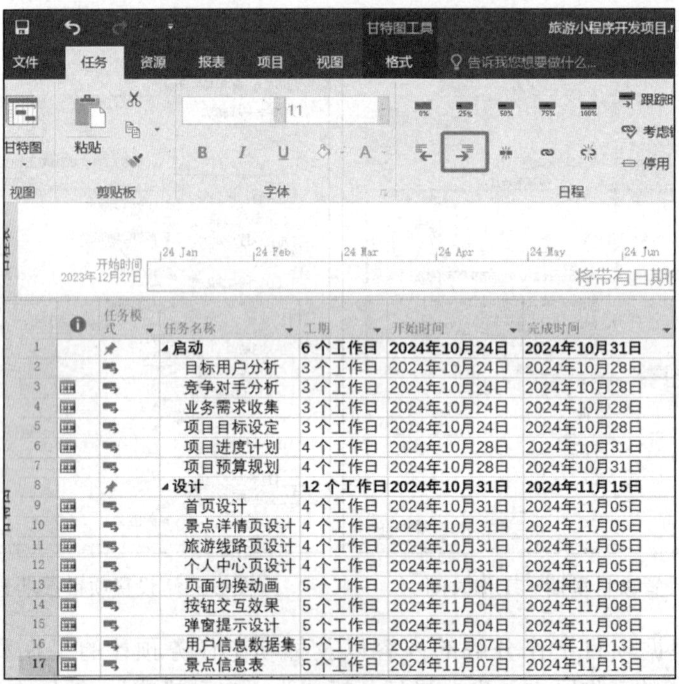

	任务名称	工期	开始时间	完成时间
1	**启动**	**6个工作日**	**2024年10月24日**	**2024年10月31日**
2	目标用户分析	3个工作日	2024年10月24日	2024年10月28日
3	竞争对手分析	3个工作日	2024年10月24日	2024年10月28日
4	业务需求收集	3个工作日	2024年10月24日	2024年10月28日
5	项目目标设定	3个工作日	2024年10月24日	2024年10月28日
6	项目进度计划	4个工作日	2024年10月28日	2024年10月31日
7	项目预算规划	4个工作日	2024年10月28日	2024年10月31日
8	**设计**	**12个工作日**	**2024年10月31日**	**2024年11月15日**
9	首页设计	4个工作日	2024年10月31日	2024年11月05日
10	景点详情页设计	4个工作日	2024年10月31日	2024年11月05日
11	旅游线路页设计	4个工作日	2024年10月31日	2024年11月05日
12	个人中心页设计	4个工作日	2024年10月31日	2024年11月05日
13	页面切换动画	5个工作日	2024年11月04日	2024年11月08日
14	按钮交互效果	5个工作日	2024年11月04日	2024年11月08日
15	弹窗提示设计	5个工作日	2024年11月04日	2024年11月08日
16	用户信息数据集	5个工作日	2024年11月07日	2024年11月13日
17	景点信息表	5个工作日	2024年11月07日	2024年11月13日

图2-35 项目任务降级

步骤6 在Microsoft Project操作界面中切换至“资源”选项卡，单击“查看”组中的“工作组规划器”下拉按钮，在弹出的下拉列表中选择“资源工作表”选项，进入资源工作表编辑界面。根据在小程序需求阶段确认的项目需求，在当前表中添加相应的资源。此处，以工时类资源为例，输入资源名称、设置资源类型、设置资源的标准费率和加班费率等，如图2-38所示。

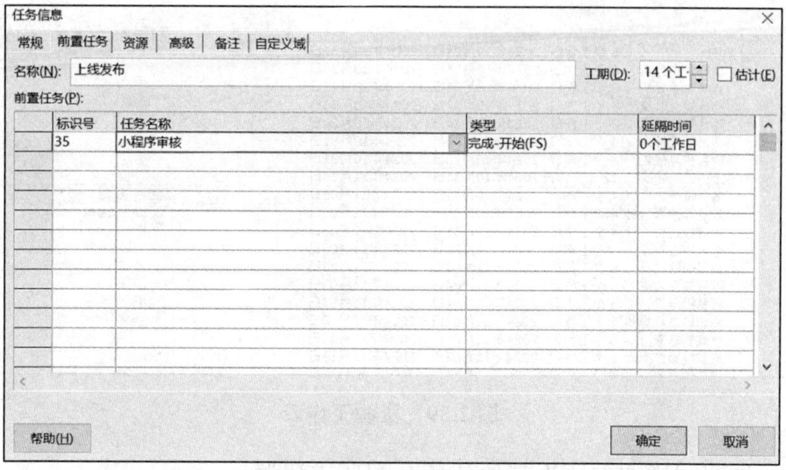

图 2-36　前置任务设置

图 2-37　前置任务链接效果

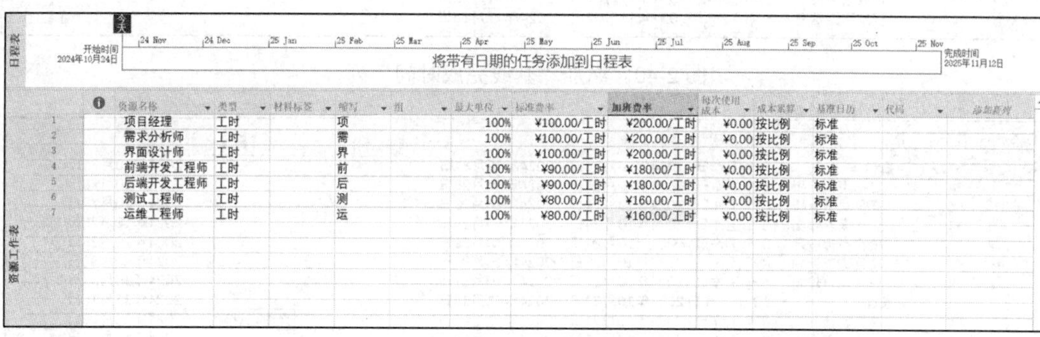

图 2-38　资源工作表

步骤 7 在 Microsoft Project 操作界面中单击“资源”选项卡，单击“查看”组中的“工作组规划器”下拉按钮，在弹出的下拉列表中选择“甘特图”选项，进入甘特图编辑界面。单击需要分配资源的任务对应的“资源名称”栏下单元格中的下拉按钮，在弹出的下拉列表中选中资源对应的复选框，按 Enter 键完成资源分配操作，如图 2-39 所示。

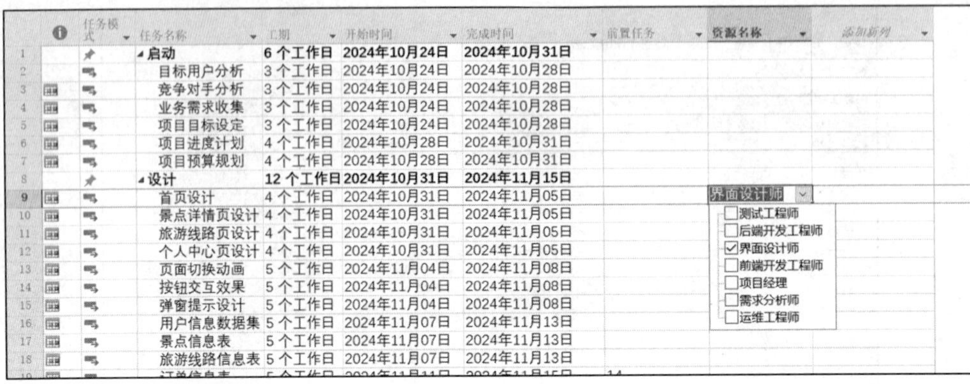

图 2-39 资源工作表

步骤 8 按照同样的方法为其他任务分配所需资源。

步骤 9 在 Microsoft Project 操作界面工作区，在“资源名称”列的右侧单击“添加新列”栏中的下拉按钮，在弹出的下拉列表中选择“基线完成时间”选项，如图 2-40 所示。添加此列的数据，效果如图 2-41 所示。

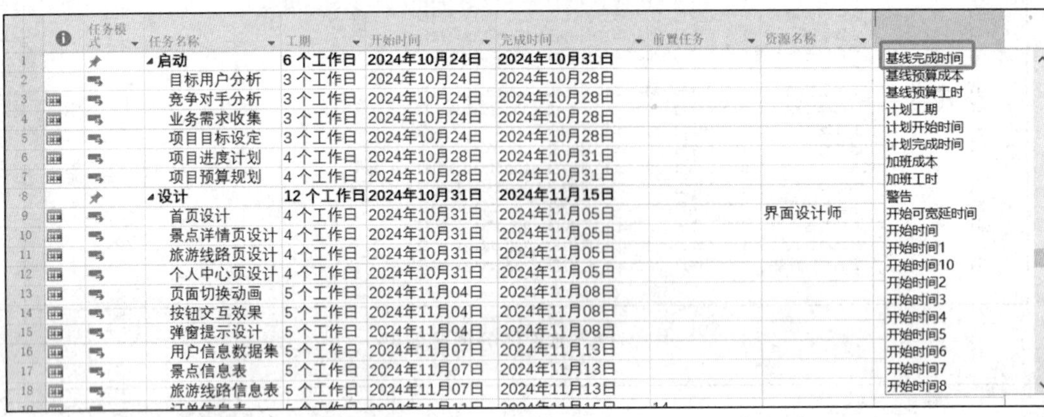

图 2-40 添加“基线完成时间”列

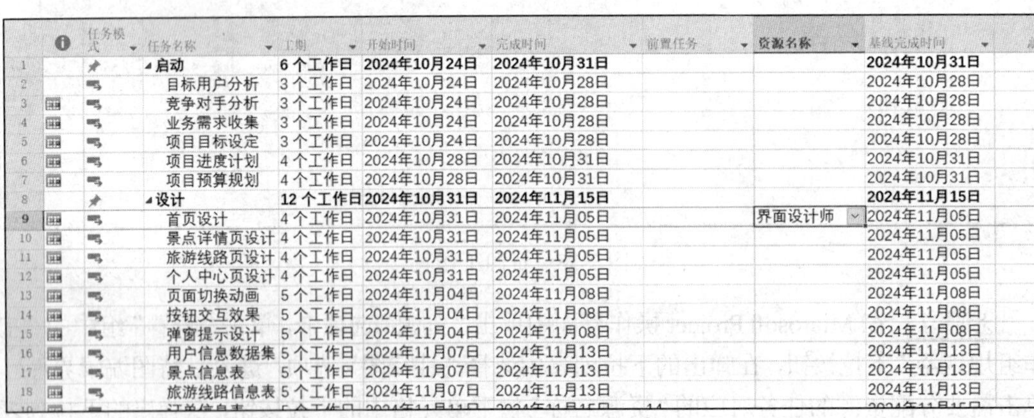

图 2-41 添加“基线完成时间”列的数据

步骤 10 单击“项目”选项卡下“日程”组中的“设置基线”下拉按钮，在弹出的下拉列表中选择“设置基线”选项，打开“设置基线”对话框，按照图 2-42 所示要求进行选择，单击“确定”按钮。

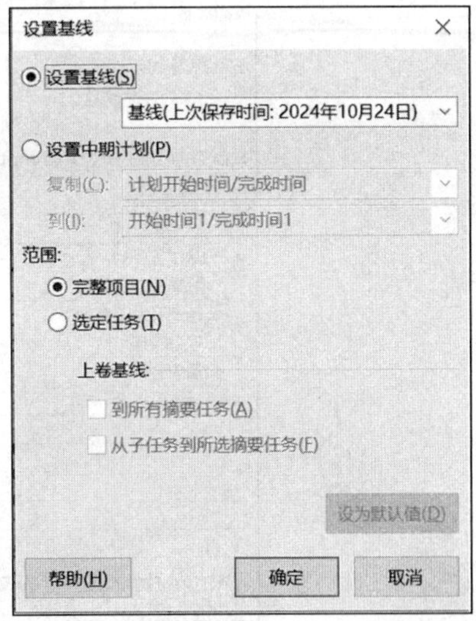

图 2-42　“设置基线”对话框

步骤 11 单击“项目”选项卡下“属性”组中的“项目信息”按钮，打开“旅游小程序开发项目”的项目信息对话框，单击下方的“统计信息”按钮，会打开当前项目的对话框，可以查看该项目的实际工期、工时成本等与基线的对比情况，如图 2-43 所示。

步骤 12 选择需要重新分配资源的任务，这里选择“页面切换动画”任务，如图 2-44 所示。在“资源”选项卡下的“工作分配”组中单击“分配资源”按钮，打开“分配资源”对话框，在列表框中选择“界面设计师”选项，单击“替换”按钮，如图 2-45 所示。最后关闭对话框，即可解决资源冲突，同时资源冲突的任务左侧红色人像标记自动消失，即可保存文件，如图 2-46 和图 2-47 所示。

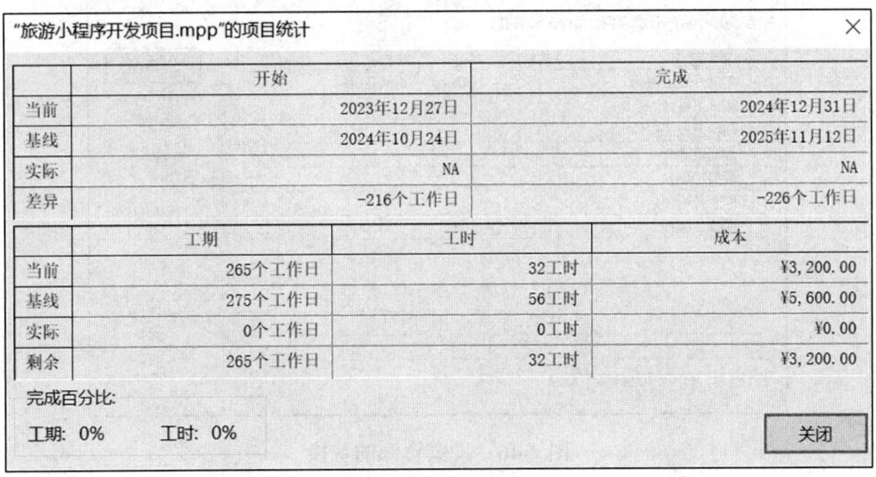
“旅游小程序开发项目.mpp”的项目统计

	开始	完成
当前	2023年12月27日	2024年12月31日
基线	2024年10月24日	2025年11月12日
实际	NA	NA
差异	-216个工作日	-226个工作日

	工期	工时	成本
当前	265个工作日	32工时	¥3, 200. 00
基线	275个工作日	56工时	¥5, 600. 00
实际	0个工作日	0工时	¥0. 00
剩余	265个工作日	32工时	¥3, 200. 00

完成百分比:

工期: 0%　　工时: 0%

关闭

图 2-43　项目统计

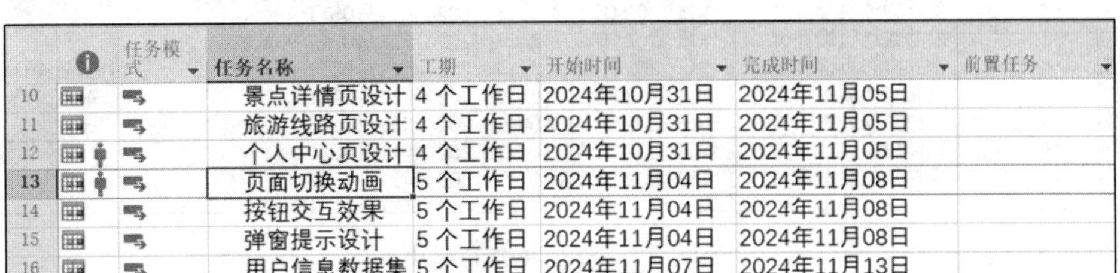

	任务模式	任务名称	工期	开始时间	完成时间	前置任务
10		景点详情页设计	4 个工作日	2024年10月31日	2024年11月05日	
11		旅游线路页设计	4 个工作日	2024年10月31日	2024年11月05日	
12		个人中心页设计	4 个工作日	2024年10月31日	2024年11月05日	
13		页面切换动画	5 个工作日	2024年11月04日	2024年11月08日	
14		按钮交互效果	5 个工作日	2024年11月04日	2024年11月08日	
15		弹窗提示设计	5 个工作日	2024年11月04日	2024年11月08日	
16		用户信息数据集	5 个工作日	2024年11月07日	2024年11月13日	

图 2-44　选择资源冲突的任务

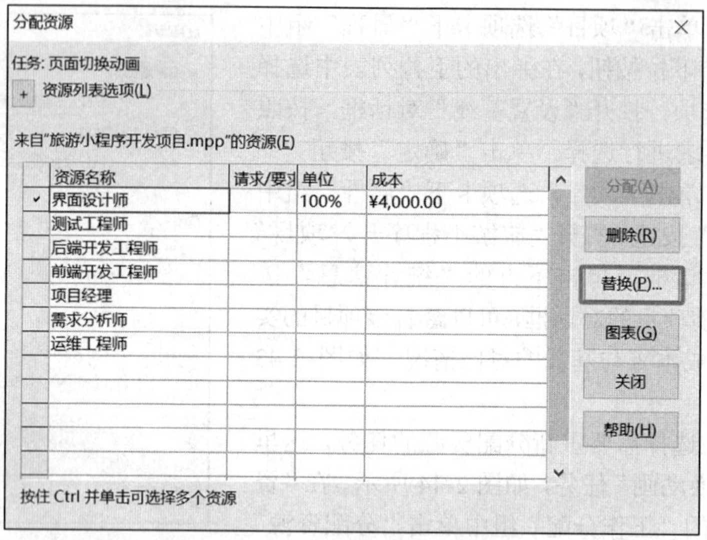

图 2-45　选择冲突的资源

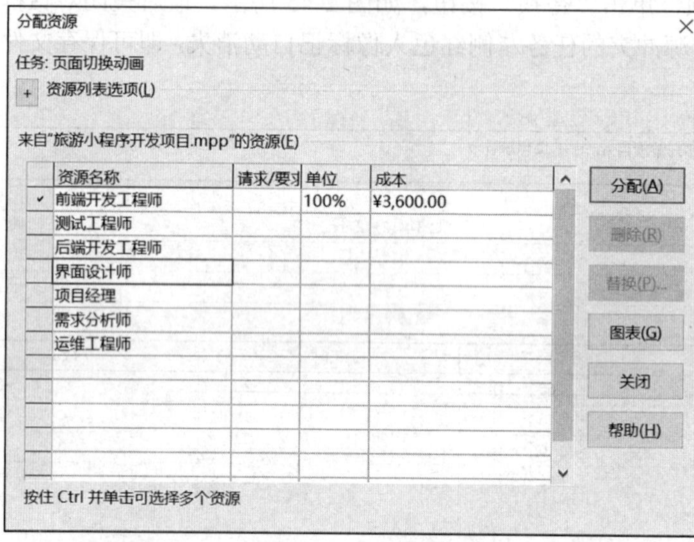

图 2-46　冲突资源的替换

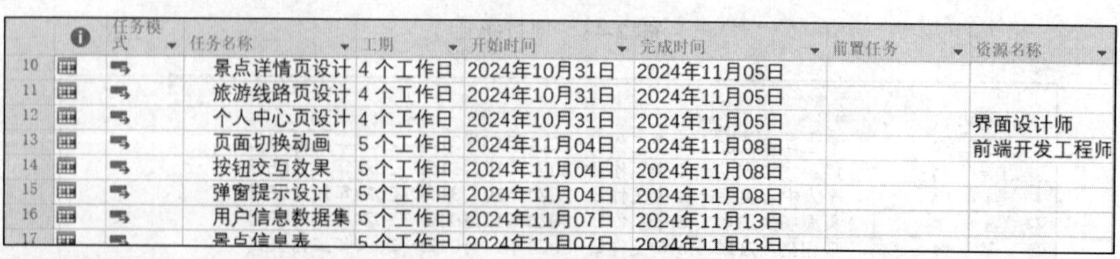

	任务模式	任务名称	工期	开始时间	完成时间	前置任务	资源名称
10		景点详情页设计	4 个工作日	2024年10月31日	2024年11月05日		
11		旅游线路页设计	4 个工作日	2024年10月31日	2024年11月05日		
12		个人中心页设计	4 个工作日	2024年10月31日	2024年11月05日		界面设计师
13		页面切换动画	5 个工作日	2024年11月04日	2024年11月08日		前端开发工程师
14		按钮交互效果	5 个工作日	2024年11月04日	2024年11月08日		
15		弹窗提示设计	5 个工作日	2024年11月04日	2024年11月08日		
16		用户信息数据集	5 个工作日	2024年11月07日	2024年11月13日		
17		景点信息表	5 个工作日	2024年11月07日	2024年11月13日		

图 2-47　资源冲突的解决

知识拓展

项目管理工具的未来发展趋势

1. 技术革新

随着科技的不断进步，项目管理工具也正在经历一场技术革新。其中，人工智能（AI）和大数据技术在项目管理中的应用尤为引人注目。

AI技术可以帮助项目管理工具实现自动化和智能化。例如，AI技术可以自动分析项目数据，预测项目风险，甚至为项目团队提供决策支持。此外，AI技术还可以通过自然语言处理技术，帮助项目团队更好地理解和处理项目文档，提高工作效率。

大数据技术则可以为项目管理工具提供更全面、更深入的数据支持。通过收集和分析项目数据，大数据可以帮助项目团队更好地了解项目进展，发现潜在问题，并采取有效的措施加以解决。同时，大数据技术还可以为项目团队提供更精准的资源分配和风险管理建议，提高项目管理的效率和效果。

2. 用户体验优化

未来，项目管理工具将更加注重用户体验，提供更加智能和个性化的服务。具体来说，这包括以下几个方面。

首先，项目管理工具将更加注重用户界面的设计和交互方式的优化。通过采用更加直观、易用的界面设计和交互方式，项目管理工具可以降低用户的学习成本，提高用户的使用体验。

其次，项目管理工具将更加注重个性化服务。通过收集和分析用户数据，项目管理工具可以为用户提供更加个性化的服务，如定制化的工作流程、智能化的任务分配等。这将有助于提高用户的工作效率和工作满意度。

最后，项目管理工具将更加注重与其他工具的集成和协同工作。通过与其他工具的集成，项目管理工具可以提供更加全面、更加高效的服务，以满足用户在不同场景下的需求。

总之，随着技术发展和用户体验的不断优化，项目管理工具将在未来的项目管理中发挥越来越重要的作用。

思考与练习

一、选择题

1. 以下方法中，（　　）适用于项目目标明确、项目结构清晰的情况来编制WBS。

A. 自上而下法　　B. 自下而上法　　C. 模板法

2. 项目进度计划制订的依据，不包括（　　）。

A. 项目预算计划　　B. 项目网络计划图

C. 工时估算的结果　　D. 资源需求情况

二、判断题

1. WBS 必须包含项目的所有工作内容，每个较低层次的工作包之和应等于上一层次的工作内容。 （　　）

2. 在项目风险对策中，转移原则是指当项目风险潜在不利后果严重且发生的可能性较大时，项目团队应主动放弃项目或改变项目方案。 （　　）

三、简答题

1. 简述 WBS 的基本概念。
2. 简述项目资源配置的合理性原则。
3. 项目质量控制的依据有哪些？
4. 简述项目风险识别的依据。
5. 项目风险对策制订有哪些原则？
6. 请说出两种编制 WBS 的方法。
7. 项目进度计划制定的结果有哪些？
8. 项目资源配置的方法有哪些？
9. 项目质量控制的方法有哪些？
10. 说出两种项目风险识别的方法。

项目评价

完成下列任务评价表。

评分内容	分数	自评分	互评分	教师评分	其他评分
课前预习完成情况	10				
知识目标完成情况	20				
能力目标完成情况	20				
素养目标完成情况	20				
课后任务完成情况	10				
课外拓展完成情况	10				
其他	10				
总分	100				
综合评价（自评分×20%+互评分×20%+教师评分×40%+其他评分×20%）					
学习体会					

单元3 人工智能之AI检索技术

【单元简介】

在当今信息爆炸的时代，掌握信息检索技能至关重要。本单元主要引导学生从基础到实践，系统学习信息检索技术。首先，本单元将介绍信息检索的基本概念、主流搜索引擎的使用方法以及如何搭建过滤工具，并通过实际案例让学生了解信息检索在旅游项目中的应用。其次，将深入教授搜索工具的使用技巧，包括布尔逻辑检索、时间范围检索、站内检索以及 AI 工具在信息检索中的应用，并以景区信息检索为实践案例，巩固学习成果。最后，将探索学术资源、统计数据资源和多媒体资源的检索方法，并以景区信息资源检索为项目实践，综合运用所学技能。通过本单元的学习，学生将能够熟练运用各种信息检索技巧，有效获取和管理所需信息。

【思维导图】

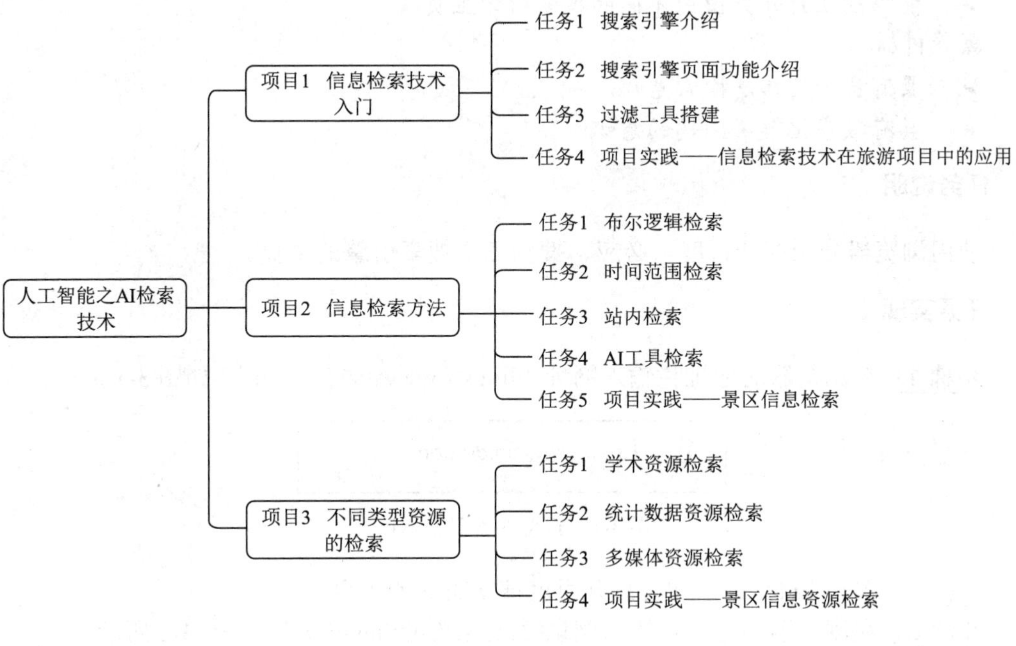

项目 1　信息检索技术入门

项目背景

张影正在制作一个旅游信息网站，该网站旨在推广其家乡的旅游资源。为此，他选定了开封市的清明上河园作为宣传对象。为了丰富网站内容，张影需要运用信息检索技术获取相关信息。本项目从最基础的概念入手，逐步深入到搜索引擎的使用方法。旨在帮助学生理解信息检索的基本原理，掌握使用搜索引擎的基本技巧，并学会如何在日常生活中应用这些技巧来解决问题。

任务 1　搜索引擎介绍

任务目标

知识目标

- 理解搜索引擎的基本概念和作用。
- 认识互联网信息检索的重要性和基本方法。

能力目标

- 能够熟练使用浏览器访问互联网。
- 能够独立打开并使用不同的搜索引擎主页。

素养目标

- 具有良好的信息检索意识。
- 具有数字化解决问题的意识。

任务说明

使用浏览器分别打开百度、必应、搜狗三个搜索引擎的主页。

任务实现

步骤 1 在浏览器的地址栏输入网址“https://www.baidu.com”，如图 3-1 所示。

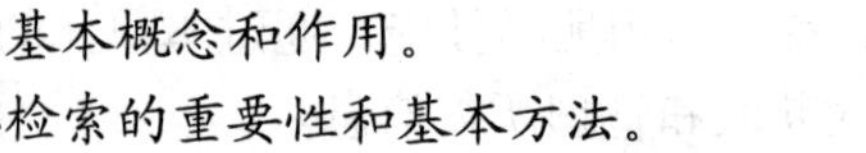

图 3-1　百度搜索引擎网址

步骤 2 单击 Enter 键，即可打开百度搜索引擎的主页。

步骤 3 在浏览器的地址栏输入网址“https://cn.bing.com”，如图 3-2 所示。

步骤 4 单击 Enter 键，即可打开必应搜索引擎的主页。

步骤5 在浏览器的地址栏输入网址“https://www.sogou.com”，如图3-3所示。

图3-2　必应搜索引擎网址

图3-3　搜狗搜索引擎网址

步骤6 单击Enter键，即可打开搜狗搜索引擎的主页。

任务2　搜索引擎页面功能介绍

任务目标

知识目标

- 了解搜索引擎界面的构成。
- 了解如何构建一个简单的搜索查询来获取特定的信息。

能力目标

- 能够独立使用百度搜索引擎输入查询并执行搜索。
- 能够在搜索结果中识别并选择提供准确当前时间的信息源。

素养目标

- 具备利用搜索引擎解决日常生活中问题的意识。
- 通过搜索当前时间，增强对时间管理重要性的认识。

任务说明

使用百度搜索引擎搜索当前时间。

任务实现

步骤1 在浏览器的地址栏输入网址“https://www.baidu.com”。

步骤2 单击Enter键即可打开百度搜索引擎的主页。

步骤3 在搜索框输入“当前时间”，单击右侧“百度一下”按钮，跳转至搜索结果。

步骤4 在搜索结果中，搜索引擎已经在第一条位置为用户标注了结果，用户可以首选选用，也可以点击下方的链接进入相应的网站查看时间，如图3-4所示。

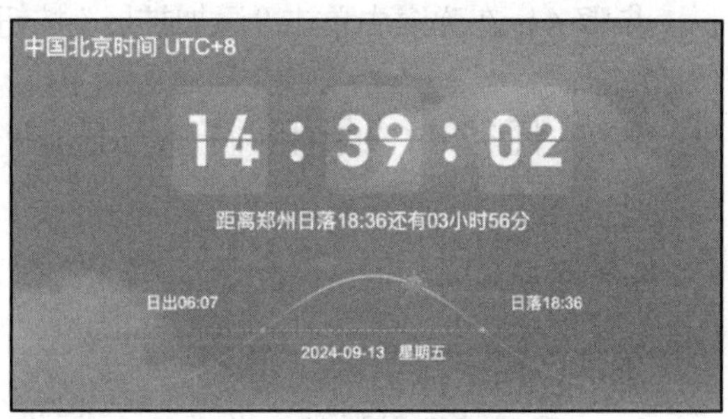

图3-4　搜索时间结果

任务 3　过滤工具搭建

任务目标

知识目标

➢ 了解搜索引擎的推广功能。

➢ 能够辨别搜索结果中的广告链接。

能力目标

➢ 能够使用 Edge 浏览器打开在线工具商店。

➢ 能够下载 ADGUARD 过滤工具，理解安装过程中的各个步骤。

素养目标

➢ 建立对网络广告和隐私保护问题的认识。

➢ 发展批判性思维，评估网络内容的可信度，并采取措施保护自己的在线隐私。

任务说明

打开 Edge 浏览器工具商店，搜索并安装 ADGUARD 过滤工具。

任务实现

步骤 1 打开 Microsoft Edge 浏览器，在地址栏中输入网址“https://microsoftedge.microsoft.com/addons”，单击 Enter 键，进入浏览器工具商店，如图 3-5 所示。

图 3-5　Microsoft Edge 工具商店界面网址

步骤 2 在左上方搜索框输入“ADGUARD”，单击 Enter 键。

步骤 3 在结果列表，找到“ADGUARD 广告拦截器”，单击右侧的“获取”按钮。

步骤 4 在弹窗中单击“添加扩展”按钮，等待加载完毕，即可完成过滤工具的搭建。

任务 4　项目实践——信息检索技术在旅游项目中的应用

任务目标

知识目标

➢ 了解搜索引擎的工作原理和它在信息检索中的作用。

➢ 认识到网络信息的多样性，包括地址、电话、简介等不同类型的数据。

能力目标

➢ 能够使用搜索引擎输入准确的关键词，执行针对特定信息的搜索。

➢ 能够在搜索结果中识别和选择最相关和最可信的信息源。

素养目标

➢ 具备在网络环境中寻找和评估信息的意识。

➢ 发展批判性思维，能对网络信息进行分析和判断。

任务说明

使用百度搜索引擎，查询清明上河园地址、电话及简介信息。

任务实现

步骤 1 打开浏览器，在地址栏输入网址“https://www.baidu.com”，单击 Enter 键，打开百度搜索引擎的主页。

步骤 2 在搜索框输入“清明上和园”，单击“百度一下”按钮。

步骤 3 在搜索结果列表中带有“官网”标签的即为该景区的官网，如图 3-6 所示，随后可以在摘要中查看地址电话等信息。

图 3-6 搜索结果中的官网标签

步骤 4 单击标题进入网站，在网站中可以找到该景区的简介，“清明上河园景区坐落在八朝古都开封，是按照中国传世名画《清明上河图》为蓝本 1:1 复原再现的大型宋代历史文化主题公园”，如图 3-7 所示。

图 3-7 官网页面

知识拓展

搜索引擎的结果展示内容

搜索引擎的搜索结果除了标题，通常还会展示以下内容。

（1）摘要（描述）：这是对网页内容的简短描述，通常包含用户搜索的关键词，帮助用户了解网页的主要内容。摘要可能来自网页的元描述标签，或者是搜索引擎根据页面内容自动生成的。

（2）URL：显示网页的网址，用户可以通过单击直接访问。

（3）域名：搜索结果中可能会显示网站的网域部分，帮助用户识别网站。

（4）面包屑导航：在某些情况下，网址的某些部分可能在搜索结果中显示为面包屑导航，提供额外的上下文信息。

（5）图片：如果搜索结果中包含图片，通常会以缩略图的形式显示，用户可以单击查看图片或相关网页。

（6）星级评分：某些网站可能会显示用户评分或星级，这通常需要网站使用结构化数据标记。

（7）评论数量：在产品或服务的搜索结果中，可能会显示用户评论的数量。

（8）价格：对于电子商务网站，可能会显示产品的价格。

（9）发布日期：新闻文章或博客帖子可能会显示发布日期。

（10）更新时间：某些搜索结果可能会显示页面内容的最后更新时间。

（11）相关搜索：搜索结果页面底部可能会有相关搜索建议，以帮助用户找到更具体的搜索内容。

（12）搜索广告：搜索结果中可能会包含付费广告，通常会明确标记为“广告”。

思考与练习

请描述至少两种搜索引擎展示广告的样式，并说明如何快速辨别它们。

项目评价

完成下列任务评价表。

评分内容	分数	自评分	互评分	教师评分	其他评分
课前预习完成情况	10				
知识目标完成情况	20				
能力目标完成情况	20				
素养目标完成情况	20				
课后任务完成情况	10				
课外拓展完成情况	10				

续表

评分内容		分数	自评分	互评分	教师评分	其他评分
其他		10				
总分		100				
综合评价（自评分×20%+互评分×20%+教师评分×40%+其他评分×20%）						
学习体会						

项目2　信息检索方法

项目背景

张影为了使网站内容更加全面，需要使用信息检索方法检索更多的信息。在信息检索技术中，信息检索方法扮演着至关重要的角色，它使得用户能够以更精细的方式与搜索引擎进行交互，从而显著提高检索效率和结果的相关性。本项目主要讲解一系列信息检索方法，包括布尔逻辑检索、时间范围检索、站内检索以及AI工具检索，这些技术是进行准确信息检的必备技能。

任务1　布尔逻辑检索

任务目标

知识目标

➢ 了解布尔逻辑运算符（AND、OR、NOT）在搜索中的应用。

➢ 了解如何使用搜索引擎的高级搜索功能来提高搜索效率。

能力目标

➢ 能够使用布尔逻辑运算符构建有效的搜索查询。

➢ 能够熟练使用搜索引擎的高级搜索功能，包括文件类型筛选。

素养目标

➢ 培养高效检索和评估网络信息的能力。

➢ 提高在数字环境中寻找和利用信息的素养。

任务说明

使用布尔逻辑检索，检索景区介绍模板，并筛选出Word格式的连接。

任务实现

步骤1 打开浏览器，在地址栏输入网址“https://www.baidu.com”，单击Enter键即可打开百度搜索引擎的主页。

步骤 2 单击页面右上角的“设置”按钮，在下拉列表中选择“高级搜索”命令。

步骤 3 使用布尔逻辑中的 AND 检索，在“包含全部关键词”中输入“介绍模板”，在“包含完整关键词”中输入“景区”，单击“高级搜索”按钮。

步骤 4 在搜索结果中有不同类型的文件格式，我们需要筛选出 Word 格式的链接。再次打开高级搜索，在“包含全部关键词”中输入“介绍模板”，在“包含完整关键词”中输入“景区”，在“文档格式”中选择“Word（.doc）”单击“高级搜索”按钮，则可以筛选出 Word 格式的结果。

任务 2　时间范围检索

任务目标

知识目标

- 了解如何根据特定时间段筛选搜索结果的方法。
- 了解不同方式进行时间段检索的方法。

能力目标

- 能够根据时间条件过滤搜索结果，获取特定时期的信息。
- 熟练对时间段进行切换检索。

素养目标

- 理解信息时效性的重要性，意识到不同时间范围内的信息可能具有不同的价值。

任务说明

检索旅游方面的资讯，并使用时间范围搜索获取时效性更强的检索结果。

任务实现

步骤 1 打开浏览器，在地址栏输入网址“https://www.baidu.com”，单击 Enter 键即可打开百度搜索引擎的主页。

步骤 2 单击页面右上角的“设置”按钮，在下拉列表中选择“高级搜索”命令。

步骤 3 使用时间范围搜索，以获取时效性更强的检索结果。在“包含全部关键词”中输入“历史文化主题公园”，在“时间”中选择“一月内”，单击“高级搜索”按钮。

步骤 4 为了进一步筛选出时效性更强的结果，可以将鼠标放在当前页面，搜索框下方的“时间范围”上。在弹出的筛选器中选择“一周内”。

任务 3　站内检索

任务目标

知识目标

- 了解如何针对特定网站进行深入搜索的技巧。

➢ 了解搜索引擎站内检索的特定语法。

能力目标

➢ 熟练使用搜索引擎的站内搜索功能，针对特定网站进行信息检索。

素养目标

➢ 培养一丝不苟的精神。

任务说明

使用站内搜索，检索郑州旅游职业学院官网内关于“主题公园”的内容。

任务实现

步骤1 打开浏览器，在地址栏输入网址“https://www.baidu.com”，单击Enter键即可打开百度搜索引擎的主页。

步骤2 单击页面右上角的“设置”按钮，在下拉列表中选择“高级搜索”命令。

步骤3 使用站内搜索，可针对某个网站内的内容进行单独检索。在“包含全部关键词”中输入“主题公园”，在“站内搜索”中输入郑州旅游职业学院的网址“zztrc.edu.cn”。注意前面不能有“https://www.”。

任务4 AI工具检索

任务目标

知识目标

➢ 了解AI工具在信息检索中的应用。

➢ 了解AI辅助检索的实现原理。

能力目标

➢ 能够使用AI工具辅助检索。

➢ 能够通过AI工具查看不同类型的检索结果。

素养目标

➢ 建立使用AI工具进行信息处理和分析的意识，以适应数字化时代的发展需求。

任务说明

使用AI工具“秘塔AI搜索”进行检索，帮助检索筛选有价值的信息。

任务实现

步骤1 打开浏览器，在地址栏输入网址“https://metaso.cn”，单击Enter键，如图3-8所示。

步骤2 在搜索框中输入“历史文化主题公园”，单击Enter键，即可查看AI帮我们整理好的检索结果，可按照“全网”“文库”“学术”“播客”的分类进行查看，如图 3-9 所示。

图 3-8　秘塔 AI 检索工具网址

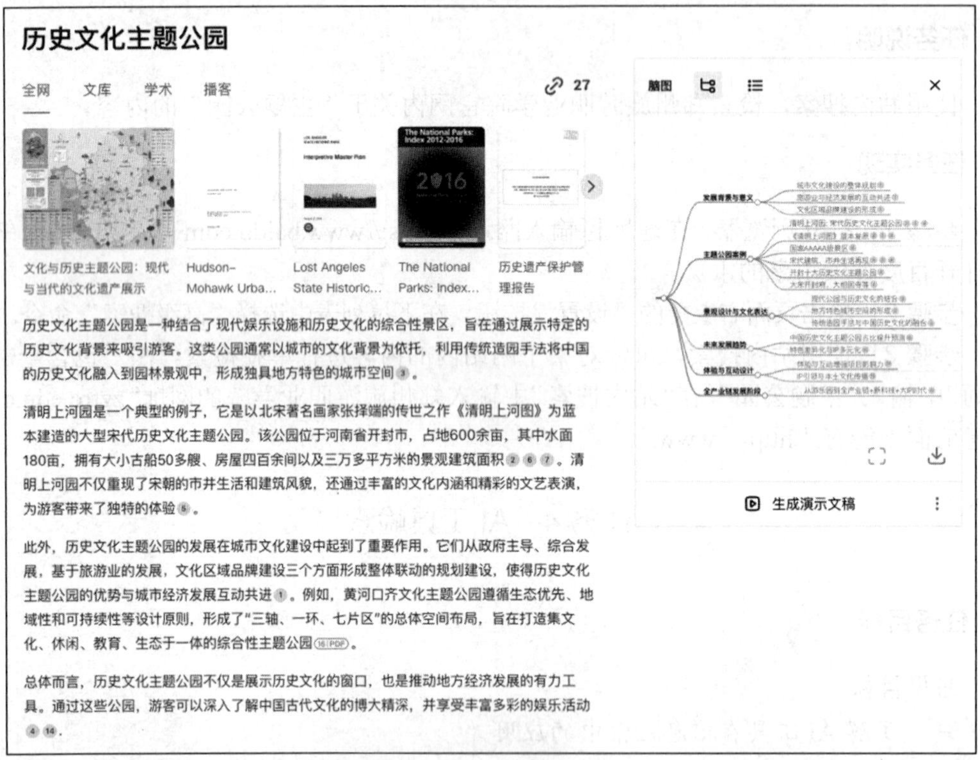

图 3-9　AI 辅助搜索结果

任务 5　项目实践——景区信息检索

任务目标

知识目标

➢ 理解布尔逻辑运算符（AND、OR、NOT）在精细化搜索中的应用。

➢ 了解如何根据特定时间段筛选搜索结果的方法。

➢ 了解如何针对特定网站进行深入搜索的技巧。

➢ 认识 AI 工具在网站交互架构分析中的功能和作用。

能力目标

➢ 能够使用布尔逻辑运算符构建并执行复杂的搜索查询。

➢ 能够根据时间条件过滤搜索结果，获取特定时期的信息。

- 熟练使用搜索引擎的站内搜索功能，针对特定网站进行信息检索。
- 熟练使用AI工具对网站的交互架构进行检索，并生成信息架构图。

素养目标

- 培养举一反三的思维素养，提升高效检索信息的意识与能力。
- 建立使用AI工具进行信息处理和分析的意识，以适应数字化时代的发展需求。

任务说明

使用布尔逻辑检索，检索“清明上河园”附近的住宿，包括民宿和酒店两种类型；使用时间段检索，搜索“清明上河园”的节目单信息；使用站内检索搜索“马蜂窝”网站上关于“清明上河园”的旅游攻略。使用AI工具对网站的交互架构进行检索，并得到检索信息架构图。

任务实现

步骤1 打开浏览器，在地址栏输入网址“https://www.baidu.com”，单击Enter键即可打开百度搜索引擎的主页。

步骤2 单击页面右上角的“设置”按钮，在下拉列表中选择“高级搜索”命令。

步骤3 使用布尔逻辑中的AND检索，在“包含全部关键词”中输入“清明上河园”，在“包含完整关键词”中输入“住宿”，单击“高级搜索”按钮，如图3-10所示。

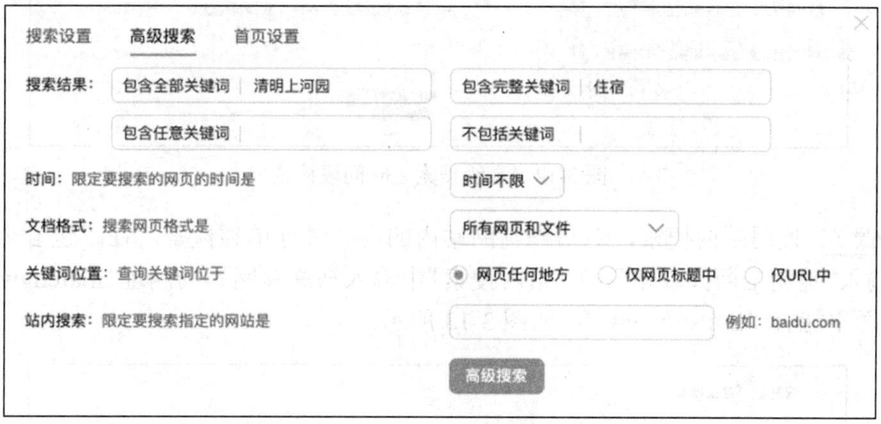

图3-10　高级搜索之布尔逻辑检索AND

步骤4 搜索结果中民宿较多，可以直接选取民宿类型的信息。

步骤5 使用布尔逻辑中的NOT检索，以筛选出酒店类型的住宿信息。打开高级搜索，在“包含全部关键词”中输入“清明上河园”，在“包含完整关键词”中输入“住宿”，在“不包括关键词”中输入“民宿”，单击“高级搜索”按钮，即可去除民宿类型，得到酒店类型的住宿信息，如图3-11所示。

步骤6 检索“清明上河园”的节目单信息。使用时间范围搜索，以获取时效性更强的检索结果。在“包含全部关键词”中输入“清明上河园节目单”，在“时间”中选择

“一周内”，单击“高级搜索”按钮，如图 3-12 所示。

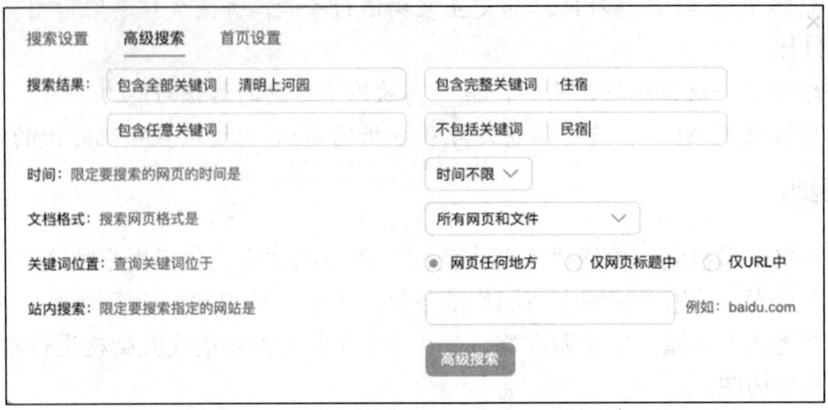

图 3-11　高级搜索之布尔逻辑检索 NOT

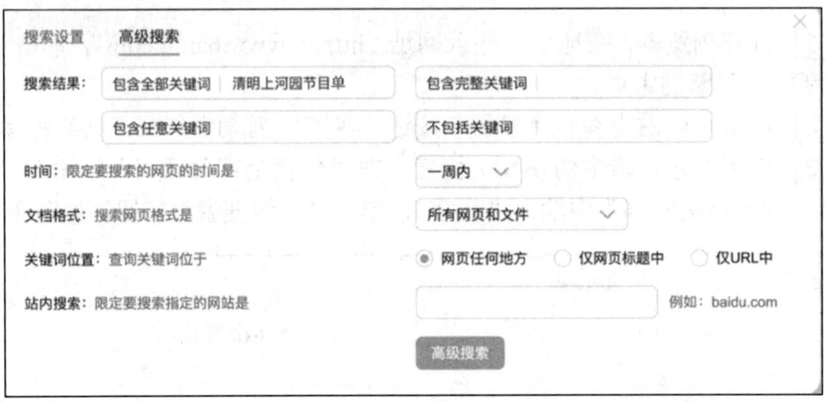

图 3-12　高级搜索之时间段检索

步骤 7 使用站内搜索，对马蜂窝网站内的内容进行单独检索。在“包含全部关键词”中输入“清明上河园攻略”，在“站内搜索”中输入马蜂窝网站的网址“mafengwo.cn”。注意前面不能有“https://www.”，如图 3-13 所示。

图 3-13　高级搜索之站内搜索

步骤 8 打开浏览器，在地址栏输入网址“metaso.cn”，单击 Enter 键即可。

步骤 9 在搜索框输入“旅游网站的交互架构”，键盘单击 Enter 键，即可查看 AI 帮我们整理好的检索结果。

步骤 10 单击右上方脑图下的“最大化”按钮，即可查看 AI 工具为我们检索的检索信息架构图，如图 3-14 所示。

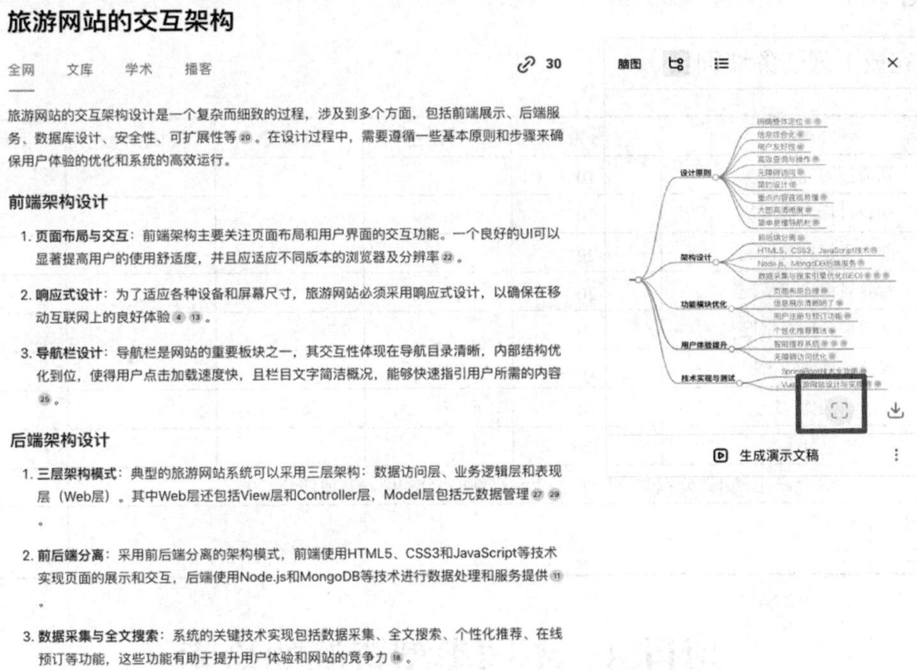

图 3-14　AI 辅助搜索结果及检索信息架构图

知识拓展

AI 搜索面临的挑战和不足

AI 搜索工具面临着一些挑战和不足。首先，数据的质量和数量是 AI 搜索准确性的关键，因此，自建索引库或与媒体合作获取高质量数据成了提升搜索结果准确性的重要手段。例如，OpenAI 的 SearchGPT 通过与专业媒体合作，获取独家内容，以建立起数据和内容壁垒。其次，AI 搜索工具需要处理大规模数据、保护用户隐私和数据安全，同时还要解决计算复杂性和能耗问题。这些都是 AI 搜索工具在未来发展中需要重点关注和解决的挑战。

相信随着技术的不断进步，未来的 AI 工具将更加智能化和个性化，能够更好地理解和预测用户的需求，提供更加丰富和深入的信息检索服务。

思考与练习

填空题

布尔逻辑检索中包含的运算符有_______、______和_______。

项目评价

完成下列任务评价表。

评分内容		分数	自评分	互评分	教师评分	其他评分
课前预习完成情况		10				
知识目标完成情况		20				
能力目标完成情况		20				
素养目标完成情况		20				
课后任务完成情况		10				
课外拓展完成情况		10				
其他		10				
总分		100				
综合评价（自评分×20%+互评分×20%+教师评分×40%+其他评分×20%）						
学习体会						

项目 3　不同类型资源的检索

项目背景

在数字化时代，信息的表现形式日益多样化，这使得张影需要检索更多类型的资源，为网站内容找到足够的理论支撑和更直观的表现形式。本项目主要学习如何检索学术资源、统计数据资源以及多媒体资源。通过本项目的学习，读者要熟练地运用各种检索工具和技巧，为今后的学术研究和职业生涯打下坚实的基础。

任务 1　学术资源检索

任务目标

知识目标

- 了解学术资源检索的基本概念。
- 掌握中国知网的基本功能和特点，了解其作为学术资源数据库的地位和作用。

能力目标

➢ 能够独立使用中国知网进行文献检索，找到与主题相关的学术资源。

➢ 能够评估检索到的学术资源的相关性和适用性，选择最符合需求的资料。

素养目标

➢ 培养学术诚信的意识。

任务说明

为了确保网站内容的准确性和权威性，使用中国知网（CNKI）检索清明上河园相关的学术资源。

任务实现

步骤1 打开浏览器，在地址栏输入网址“https://www.cnki.net”，单击Enter键，如图3-15所示。

图3-15 知网（CNKI）网址

步骤2 在搜索框输入“清明上河园”，单击Enter键，即可查看相关的学术资源，如图3-16所示。

图3-16 学术资源搜索结果

步骤3 在搜索框左侧下拉列表（图3-17）中选择“篇名”，则可以限定搜索条件，检索篇名中带有“清明上河园”的学术资源。

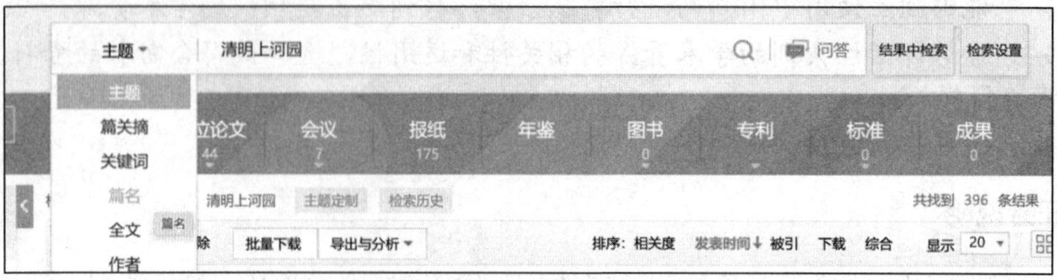

图 3-17　关键词位置左侧下拉列表

任务 2　统计数据资源检索

任务目标

知识目标

- 了解统计数据在政策分析、学术研究和决策支持中的作用。
- 了解国家统计局作为官方统计数据发布平台。

能力目标

- 能够独立使用国家统计局网站检索旅游相关的统计数据。
- 能够对检索到的数据进行类型筛选，提取关键信息。

素养目标

- 认识到数据资源的不断更新和变化，培养持续学习和自我更新的习惯。

任务说明

使用国家统计局网站检索旅游相关的统计数据。

任务实现

步骤 1　打开浏览器，在地址栏输入网址“https://www.stats.gov.cn”，单击 Enter 键，即可打开国家统计局的网站主页，如图 3-18 所示。

图 3-18　国家统计局网站

步骤 2 在主页右上方的搜索框输入“旅游”，单击“搜索”按钮，在搜索结果筛选器中选择“统计数据”，如图 3-19 所示，则可以检索针对旅游行业的统计数据资源。

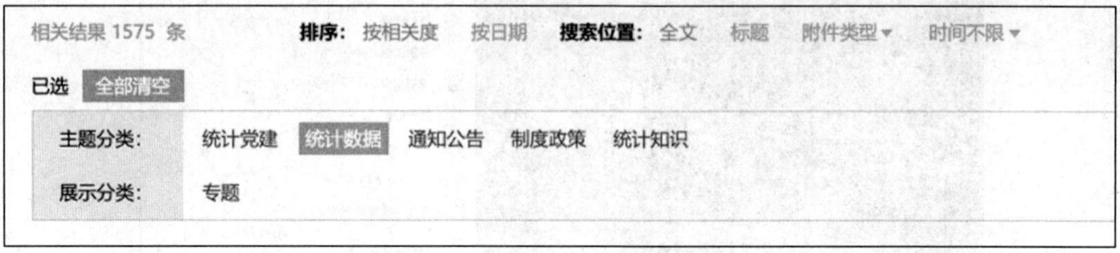

图 3-19　搜索结果筛选

任务 3　多媒体资源检索

任务目标

知识目标

➢ 了解如何使用搜索引擎来检索特定主题的图片。

➢ 了解在图片检索结果中如何筛选特定分辨率。

能力目标

➢ 能够独立使用搜索引擎检索高质量图片。

➢ 能够使用搜索引擎下载检索到的图片资源。

素养目标

➢ 树立对知识产权的尊重和保护意识，合法合规地使用网络资源。

任务说明

为了使网站内容更加生动，使用搜索引擎检索与清明上河园相关的图片。

任务实现

步骤 1 打开浏览器，在地址栏输入网址“https://www.baidu.com”，单击 Enter 键。

步骤 2 在搜索框输入“清明上和园”，单击“百度一下”按钮。

步骤 3 在搜索框下方选项卡选择“图片”，筛选项选择“高清”，即可检索与清明上河园相关的高清图片。

步骤 4 单击图片进入大图模式，右击，在弹出的快捷菜单中选择“图像另存为”命令，则可将图片保存至本地，如图 3-20 所示。

图 3-20　图片详情页及鼠标右键快捷菜单

任务 4　项目实践——景区信息资源检索

任务目标

知识目标

- 了解中国知网、国家统计局网站的主要功能和它们在信息检索中的独特价值。
- 了解统计数据在学术研究和政策制定中的关键作用。
- 了解国家统计局作为官方数据来源的权威性。

能力目标

- 能够使用中国知网的高级检索功能，利用布尔逻辑运算符进行复杂检索。
- 能够从国家统计局网站检索相关的统计数据。
- 熟练使用百度引擎检索视频资源，并从特定网站获取嵌入代码。

素养目标

- 培养对数据的解读、分析和批判性思考能力。
- 培养创意思维，能利用多媒体资源优化信息的表达和传播效果。

任务说明

使用中国知网检索“清明上河园”相关学术资源，并使用布尔逻辑检索关联度更高的学术资源。使用国家统计局网站检索旅游行业相关的数据资源。使用百度搜索引擎检索“清明上河园”相关的视频，要求视频无广告，并且得到嵌入代码链接，以便将其嵌入网站中。

任务实现

步骤 1 打开浏览器，在地址栏输入网址“https://www.cnki.net”，单击 Enter 键即可打开中国知网的主页。

步骤 2 在搜索框输入“清明上河园”，单击 Enter 键，即可查看相关的学术资源。在搜索框左侧下拉列表中选择“篇名”，则可以限定搜索条件，检索篇名中带有“清明上河园”的学术资源，如图 3-21 所示。

图 3-21　学术资源搜索结果

步骤 3　鼠标放在上方“检索”，在弹出下拉列表中选择“高级搜索”命令，如图 3-22 所示。

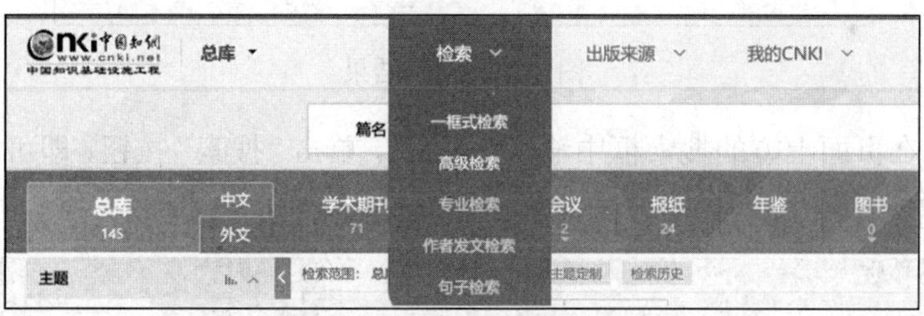

图 3-22　检索方式下拉列表

步骤 4　使用布尔逻辑检索中的 AND 运算符，第一行“主题”输入“景区”，第二行搜索项选择“篇名”并输入“清明上河园”，单击“检索”按钮，如图 3-23 所示。

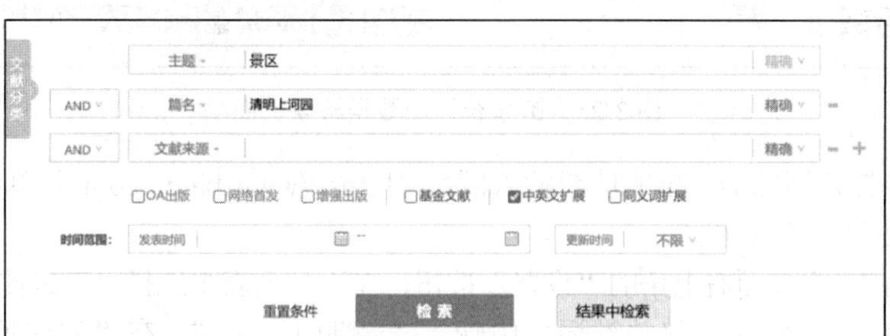

图 3-23　高级检索界面

步骤 5 打开浏览器，在地址栏输入网址“https://cn.bing.com”，单击 Enter 键即可打开必应搜索引擎的主页。

步骤 6 在搜索框输入“国家统计局”，单击“搜索网页”按钮。

步骤 7 在搜索结果中找到“国家统计局”的官网标题，单击下方的“数据查询”链接，如图 3-24 所示。

图 3-24　搜索结果

步骤 8 在页面上方的搜索框中输入“旅游”，单击“搜索”按钮，即可检索“旅游”相关的数据资源，如图 3-25 所示。

图 3-25　国家统计局数据检索页面

步骤 9 打开浏览器，在地址栏输入网址“https://www.baidu.com”，单击 Enter 键即可打开百度搜索引擎的主页。

步骤 10 单击页面右上角的“设置”按钮，在下拉列表中选择“高级搜索”命令。

步骤 11 在“包含全部关键词”中输入“清明上河园”，在“站内搜索”中输入“bilibili.com”，单击“高级搜索”按钮，即可查看该网站内关于“清明上河园”的内容。

步骤 12　单击搜索框下方的“视频”选项卡，即可筛选视频类型的内容，如图 3-26 所示。

图 3-26　视频检索结果

步骤 13　单击搜索标题，进入视频详情页。鼠标放在视频下方的“分享”按钮，单击“嵌入代码”按钮，即可得到该视频的嵌入代码链接，如图 3-27 所示。

图 3-27　视频嵌入代码位置

知识拓展

检索统计途径

在学术研究的领域，除了中国知网这一广为人知的学术资源平台外，研究者们还有多种途径来检索所需的学术资料。例如，百度学术以其便捷的搜索方式和广泛的资源覆盖，为用户提供了一站式的学术搜索服务，尽管在广告和搜索精度方面可能存在一些不足。谷歌学术则以其强大的外文文献搜索能力而受到推崇，尽管在中国大陆访问可能受限。必应学术则提供了一个更为广泛的学术资源搜索视野，但可能在搜索精度上稍显不足。此外，各大图书馆提供的电子资源，包括各种专业数据库和期刊，也是学术研究中不可或缺的宝库。国际学术数据库如 Web of Science 和 Scopus，以其专业的学术资源和严格的同行评审过程，为科研人员提供了高质量的文献支持。开放获取期刊（open access journals）如 DOAJ，则以其免费获取的优势，为学术界提供了更广泛的知识共享平台。

检索统计数据资源除了国家统计局外，还可以通过多种途径获取。例如，可以利用国际组织如世界银行、国际货币基金组织、联合国数据库等，这些组织提供了全球范围内的宏观经济数据和社会指标。专业统计数据平台，如 CEIC DATA、中经网统计数据库等，提供了包括宏观经济、行业经济、区域经济以及世界经济等领域的详细数据。此外，地方统计局发布的数据也是重要的资源，它们提供了地方经济和社会发展的统计信息。在使用这些资源时，需要注意数据的时效性、准确性和来源的权威性。同时，也应考虑数据的版权和使用许可，确保在合法和合规的前提下使用数据资源。

思考与练习

除了图片和视频，利用检索技术还可以检索哪些多媒体资源，请罗列至少两种类型的多媒体资源。

项目评价

完成下列任务评价表。

评分内容	分数	自评分	互评分	教师评分	其他评分
课前预习完成情况	10				
知识目标完成情况	20				
能力目标完成情况	20				
素养目标完成情况	20				
课后任务完成情况	10				
课外拓展完成情况	10				
其他	10				
总分	100				
综合评价（自评分×20%+互评分×20%+教师评分×40%+其他评分×20%）					
学习体会					

单元4 人工智能之数据库基础

【单元简介】

人工智能（AI）的发展离不开海量数据的支撑，因此，数据库在 AI 领域扮演着至关重要的角色。数据库不仅用于存储和管理数据，还提供了强大的数据查询、分析和处理功能，这些功能是 AI 模型训练和优化的基础。通过高效的数据库系统，AI 开发者能快速访问和处理大量数据，从而提高模型的训练效率和准确性，不断推动 AI 技术的持续进步。

数据库的历史可以追溯到 20 世纪 60 年代，随着计算机技术的发展，数据库技术也经历了从网状数据库、层次数据库到关系型数据库的演变，并继续向非关系型数据库和分布式数据库等方向发展。

MySQL 是一个流行的开源关系型数据库管理系统（relational database management system，RDBMS），由瑞典 MySQL AB 公司开发，目前属于 Oracle 公司。MySQL 以其高性能、可靠性、易于使用和成本效益而闻名，广泛应用于 Web 应用程序、企业应用程序和各种数据驱动的项目中。MySQL 使用结构化查询语言（structured query language，SQL）作为其数据操作语言，支持标准的 SQL 数据语言形式，并且可以在多种操作系统上运行，包括 Linux、Windows、Mac OS 等。

随着技术的不断发展，数据库与 AI 的融合将越来越紧密。未来，我们可以期待更智能的数据库管理系统、更高效的数据分析和处理能力，以及更强大的数据安全和隐私保护机制。

【思维导图】

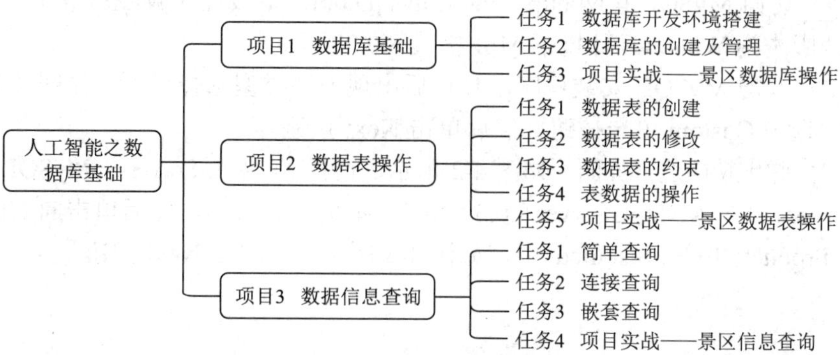

项目1 数据库基础

项目背景

某景区根据业务发展需要，需要创建景区基础信息管理系统，聘请甲公司作为合作单位来进行系统建设。经过双方调研和技术方案讨论，决定采用 MySQL 数据库作为此次系统建设的主数据库。本项目是搭建 MySQL 数据库开发环境，通过本项目的学习，读者要掌握数据库开发环境的搭建、数据库的创建与管理等基础知识。

任务1 数据库开发环境搭建

任务目标

知识目标

- 掌握从 MySQL 官网下载 MySQL 安装包的方法。
- 掌握 MySQL 数据库的安装方法。

能力目标

- 能够下载不同类型的安装包。
- 能够搭建数据库开发环境。

素养目标

- 培养学生的自主学习能力、发现和总结问题的能力。
- 培养学生的专业荣誉感。

任务说明

下载并搭建 MySQL 数据库运行环境。

任务实现

步骤 1 访问 MySQL 官网 http://www.mysql.com，下载社区版 MSI 格式安装文件，本任务下载版本为 Windows 环境下 MSI 格式 8.0.39 版。

步骤 2 双击 MySQL 安装程序，几秒后出现安装类型选择界面，如图 4-1 所示，在该界面中选中 Custom 单选按钮，然后单击 Next 按钮。

步骤 3 弹出功能选择界面，如图 4-2 所示，选择 MySQL Servers→MySQL Server→MySQL Server 8.0→ MySQL Server 8.0.39-X64（本机为 64 位），然后单击向右的箭头将其添加到 Products To Be Installed 中，如图 4-3 所示，再单击 Next 按钮。

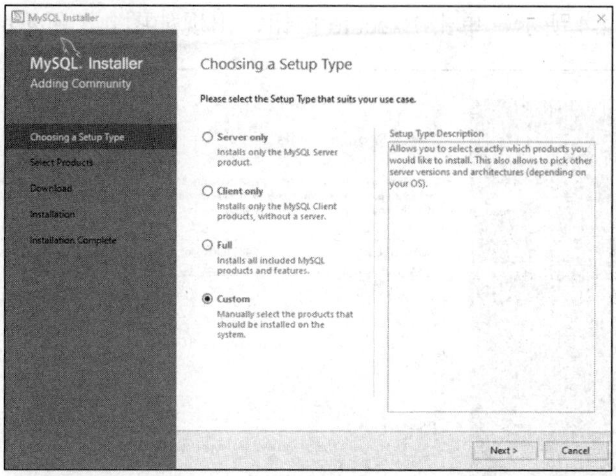

图 4-1　安装类型选择界面

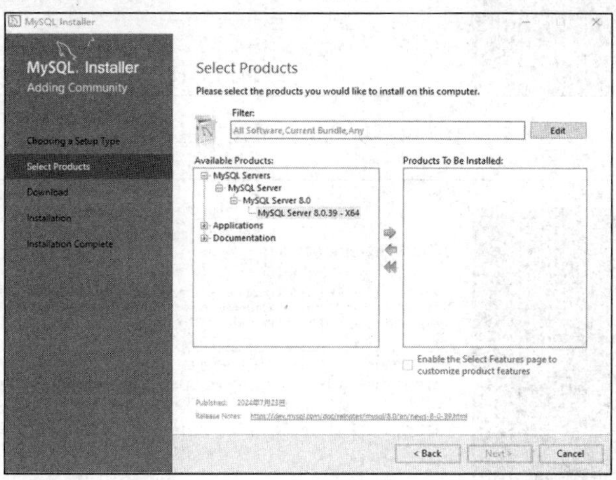

图 4-2　功能选择界面（一）

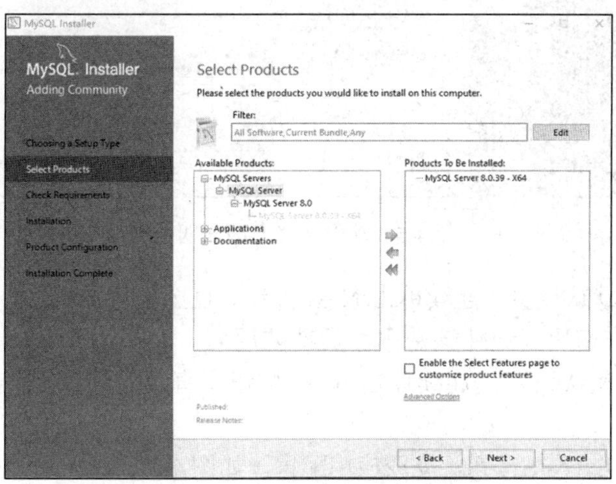

图 4-3　功能选择界面（二）

步骤 4 如图 4-4 所示，单击 Execute 按钮，出现如图 4-5 所示的界面。

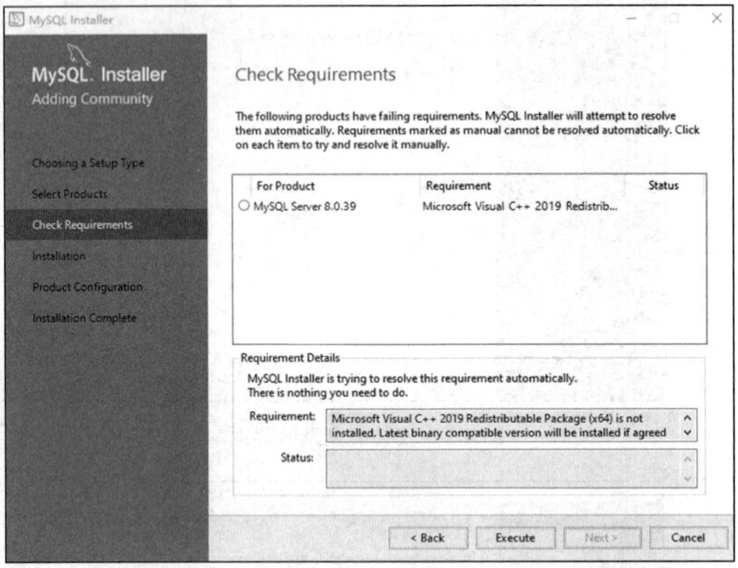

图 4-4　功能选择界面（三）

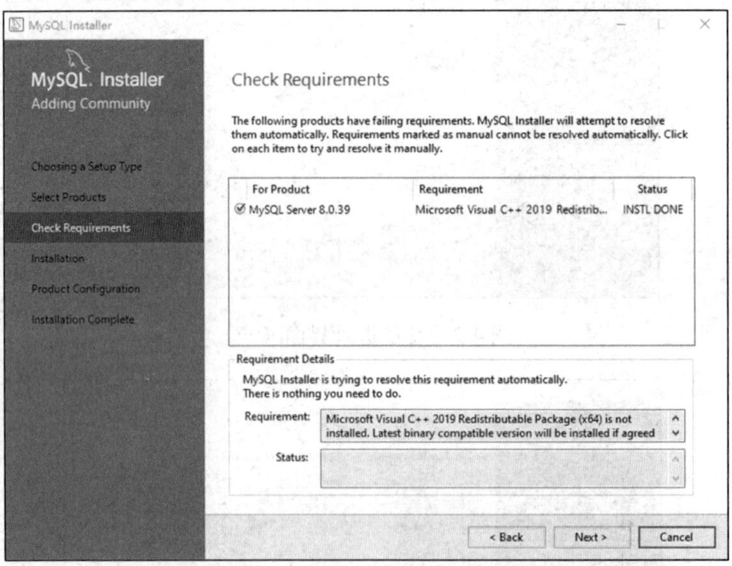

图 4-5　功能选择界面（四）

步骤 5 采用默认设置，连续单击 Next 按钮，直至出现如图 4-6 所示的设置密码界面。输入 Root 用户密码（记住该密码，后期要用）。

步骤 6 采用默认设置，连续单击 Next 按钮，直至出现如图 4-7 所示的应用配置界面。

步骤 7 单击 Execute 按钮，完成应用配置，如图 4-8 所示。继续单击 Finish→Next→Finish 按钮即可完成安装。

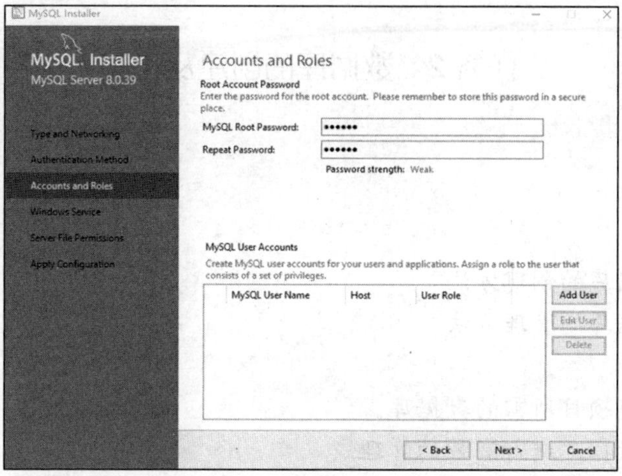

图 4-6　设置 Root 用户密码

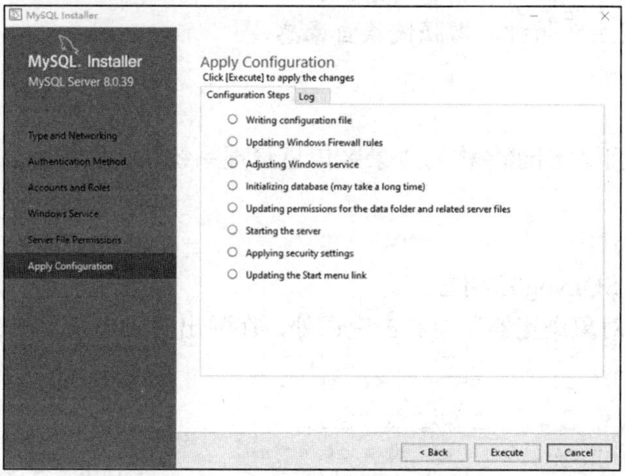

图 4-7　应用配置界面（一）

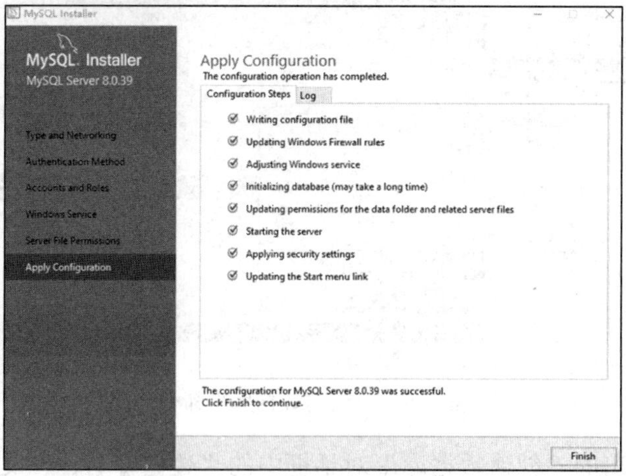

图 4-8　应用配置界面（二）

任务2　数据库的创建及管理

任务目标

知识目标

- 掌握数据库的创建方法。
- 掌握数据库的管理方法。

能力目标

- 能够创建项目所需的数据库。
- 能够对数据库进行有效的管理。

素养目标

- 激发学生的工匠精神和创新意识。
- 弘扬爱国主义精神，增强民族自豪感。

任务说明

在可视化环境下，创建名称为“景区信息管理系统”的数据库。

任务实现

步骤1 打开SQLyog应用程序。

步骤2 在“对象浏览器”中右击空白处，在弹出的快捷菜单中选择“创建数据库”命令，如图4-9所示。

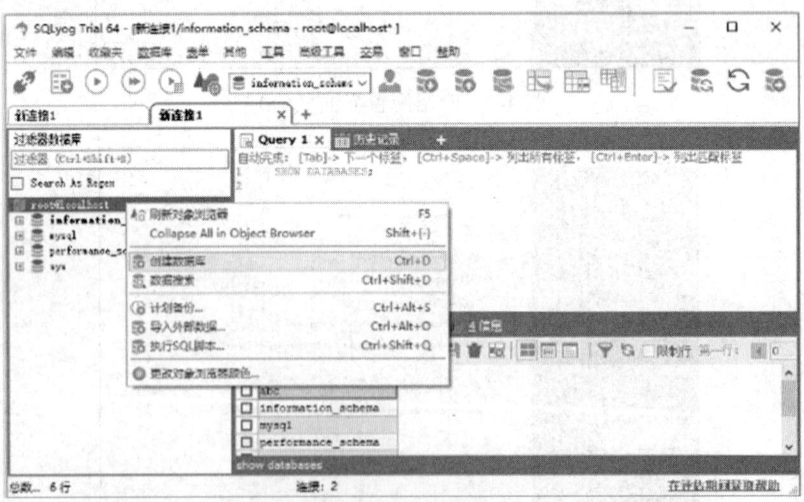

图4-9　“创建数据库”命令

步骤3 在弹出的“创建数据库”对话框中的“数据库名称”文本框中，输入“景区信息管理系统”，然后单击“创建”按钮创建数据库，如图4-10所示。

数据库创建成功后，在“对象浏览器”中，就会显示名为“景区信息管理系统”的数据库，如图 4-11 所示。

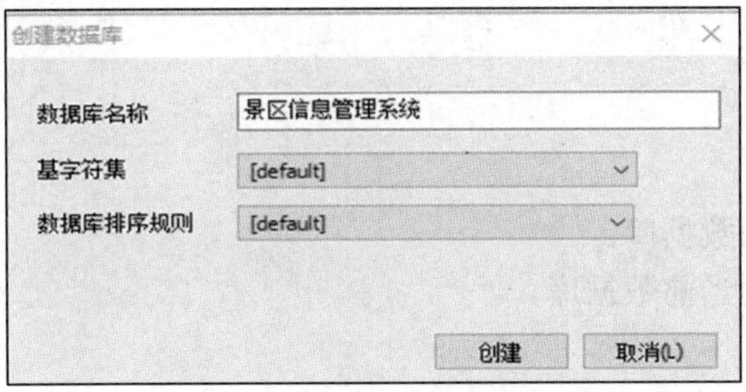

图 4-10　创建数据库

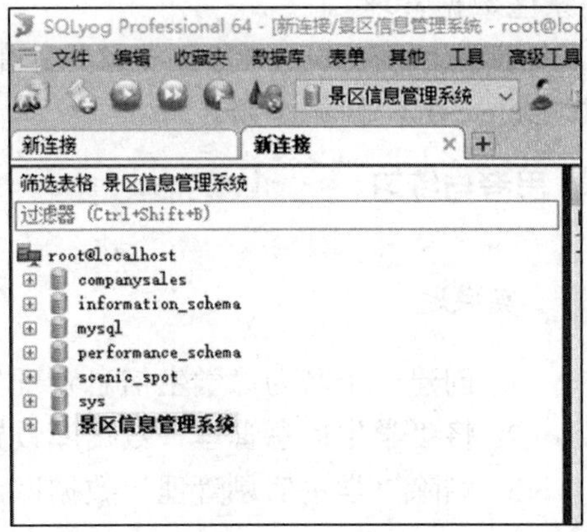

图 4-11　“景区信息管理系统”数据库

任务 3　项目实践——景区数据库操作

任务目标

知识目标

➢　熟悉 MySQL 数据库的特点和基本操作。

➢　熟练掌握数据库的创建及管理方法。

能力目标

➢　能够在 MySQL 上创建、管理数据库及其对象。

➢　能对数据库进行有效的管理。

素养目标

➢　培养学生严谨的分析问题和解决问题的科学素养。

➢　教育学生理解和遵守数据安全和隐私保护的法律法规。

任务说明

创建名称为“景区数据”的数据库，然后将数据库的名称改为“景区数据管理”，最后删除该数据库。

任务实现

步骤 1　打开 SQLyog 应用程序。

步骤 2　在“对象浏览器”中右击空白处，在弹出的快捷菜单中选择“创建数据库”命令。

步骤 3　在弹出的“创建数据库”对话框中的“数据库名称”文本框中，输入“景区数据”，然后单击“创建”按钮。

步骤 4 双击“对象浏览器”中的“景区数据”数据库对象，输入新的数据库名称“景区数据管理”。

步骤 5 单击“对象浏览器”中的“景区数据管理”数据库对象，选中该数据库，按 Delete 键，删除该数据库。

思考与练习

实操题

1. 创建一个名为“学生信息管理”的数据库。
2. 将“学生信息管理”数据库设置为当前数据库。
3. 删除“学生信息管理”数据库。

项目评价

完成下列任务评价表。

评分内容	分数	自评分	互评分	教师评分	其他评分
课前预习完成情况	10				
知识目标完成情况	20				
能力目标完成情况	20				
素养目标完成情况	20				
课后任务完成情况	10				
课外拓展完成情况	10				
其他	10				
总分	100				
综合评价（自评分×20%+互评分×20%+教师评分×40%+其他评分×20%）					
学习体会					

项目 2 数据表操作

项目背景

在完成数据库的设计及创建后，下一步的工作是在数据库中创建表，用于存储数据。经过调研，景区需要员工信息表、景点信息表、部门信息表共 3 张表来存储相关数据。本项目是创建出系统所需的数据表，完成表数据的输入，并能对表进行维护和管理。通过本项目的学习，读者要掌握 MySQL 数据表的创建、数据表的修改、表数据的输入技术。

任务 1　数据表的创建

任务目标

知识目标

➢ 掌握数据表创建的方法。

➢ 理解各种数据类型的含义及用法。

能力目标

➢ 能够根据工作描述，创建数据表。

➢ 能够理解数据表结构，包括字段（列）的定义、数据类型和数据关系。

素养目标

➢ 能够根据数据环境的变化，灵活调整数据表设计和管理策略。

➢ 保持对数据技术发展的敏感性，能够快速学习和适应新技术和新工具。

任务说明

使用 SQLyog 创建“员工信息表”“景点信息表”“部门信息表”，各数据表的结构如表 4-1～表 4-3 所示。

表 4-1　员工信息表

序号	列名	数据类型	长度	允许空	说明
1	员工编号	char	6	否	主键、非空
2	员工姓名	varchar	20	否	
3	性别	enum	默认	否	
4	员工年龄	int	默认	否	
5	所在部门编号	varchar	8	否	
6	联系方式	varchar	20	否	
7	工资	int	默认	是	
8	入职时间	date	默认	否	

表 4-2　景点信息表

序号	列名	数据类型	长度	允许空	说明
1	景点编号	varchar	8	否	主键
2	景点名称	varchar	50	否	
3	景点等级	int	默认	否	
4	景点地址	varchar	100	否	
5	景点负责人编号	char	6	否	来自员工信息表的外键

表 4-3 部门信息表

序号	列名	数据类型	长度	允许空	说明
1	部门编号	varchar	8	否	主键
2	部门名称	varchar	50	否	
3	部门主管	char	6	否	主管人编号
4	部门描述	varchar	50	是	

任务实现

步骤 1 打开 SQLyog，在“对象浏览器”窗口中选择“景区信息管理系统”节点。

步骤 2 右击“景区信息管理系统”，选择“创/建”→“表”命令，出现“新表”窗口，如图 4-12 所示。

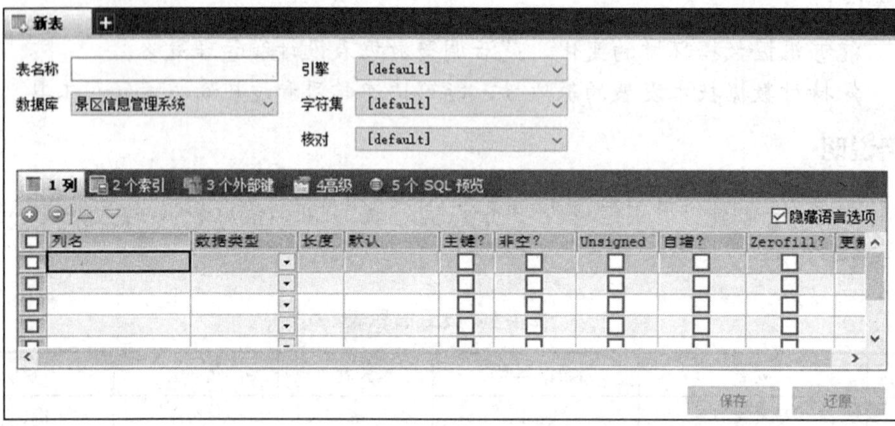

图 4-12 “新表”窗口

步骤 3 在“新表”窗口中，在“表名称”文本框中输入要创建的表名称“员工信息表”，数据库选择“景区信息管理系统”，引擎和字符集选择默认，如图 4-13 所示。

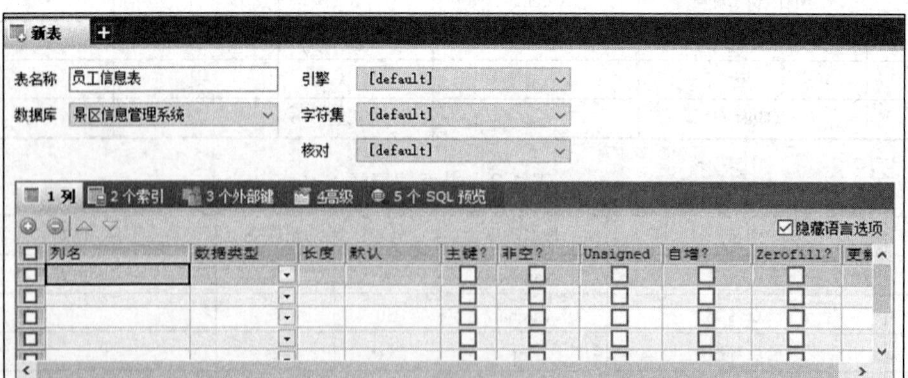

图 4-13 新表设置（一）

步骤 4 按照图 4-14 所示，进行第一列设置。

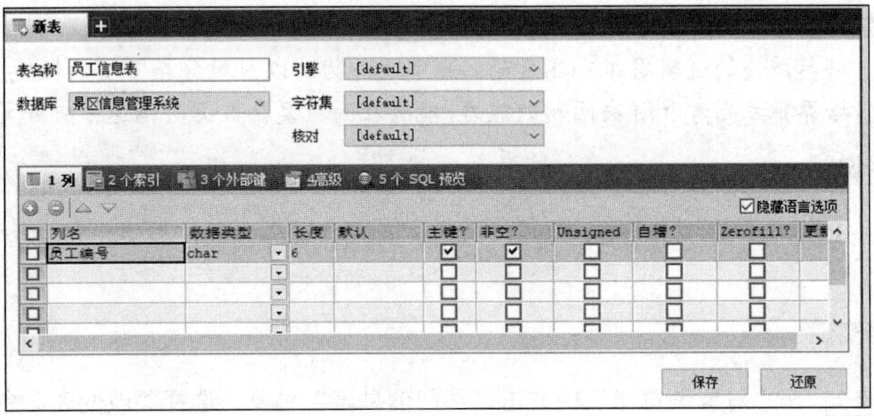

图 4-14　新表设置（二）

步骤 5 重复步骤 4，完成图 4-15 中列的设置，并保存表。

步骤 6 重复步骤 1 至步骤 5，分别完成“景点信息表”及“部门信息表”的创建。

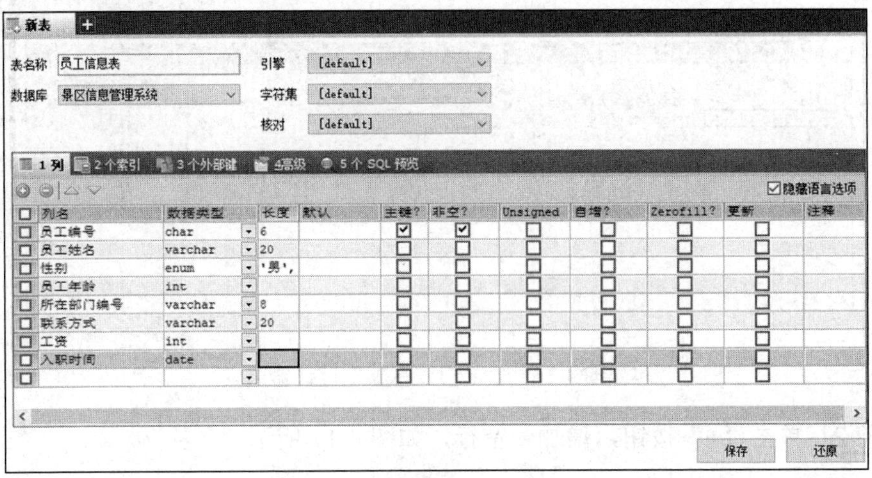

图 4-15　新表设置（三）

任务 2　数据表的修改

任务目标

知识目标

- 掌握数据表增加列、删除列、更改列名的操作方法。
- 掌握表名更改的方法。

能力目标

- 能够按需求完成数据表字段的修改。
- 能够按需求完成数据表名的修改。

素养目标

➢ 培养严谨的逻辑思维和高效的问题解决能力，以应对复杂多变的挑战。

➢ 培养独立思考和解决问题的能力，能够在面对复杂数据时迅速分析并灵活应对。

任务说明

使用 SQLyog，在“部门信息表中”增加“部门人数”字段，类型为 int 类型，长度为 6。

任务实现

步骤 1 在“对象浏览器”中右击“部门信息表”对象，选择“改变表”命令，打开“部门信息表”设计器，如图 4-16 所示。

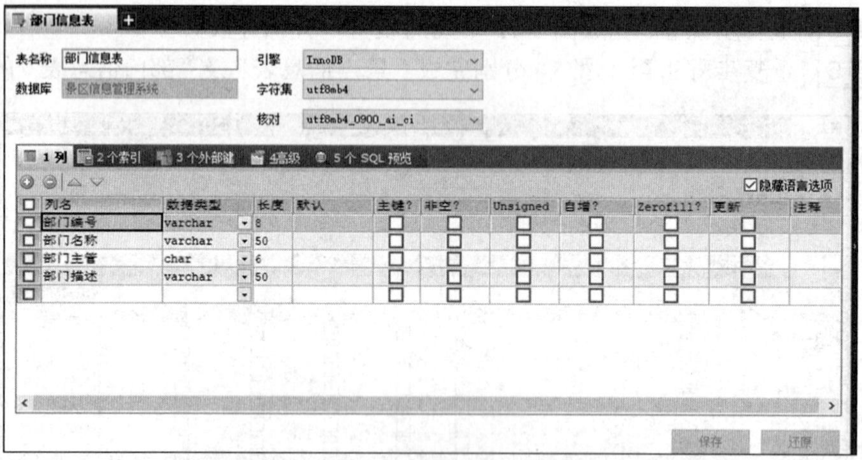

图 4-16 “部门信息表”设计器

步骤 2 单击“+”按钮，增加一空行，如图 4-17 所示。

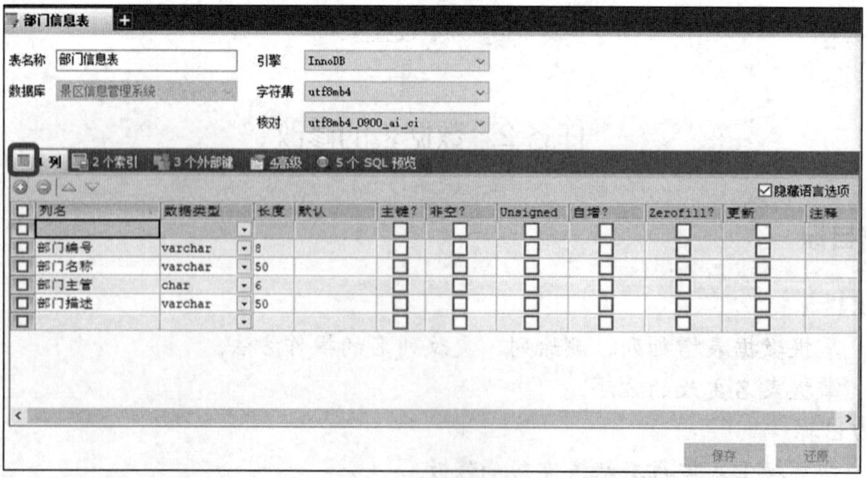

图 4-17 增加一空行

步骤 3 在增加的空行中，输入字段的相关属性，如图 4-18 所示，单击“保存”按钮即可。

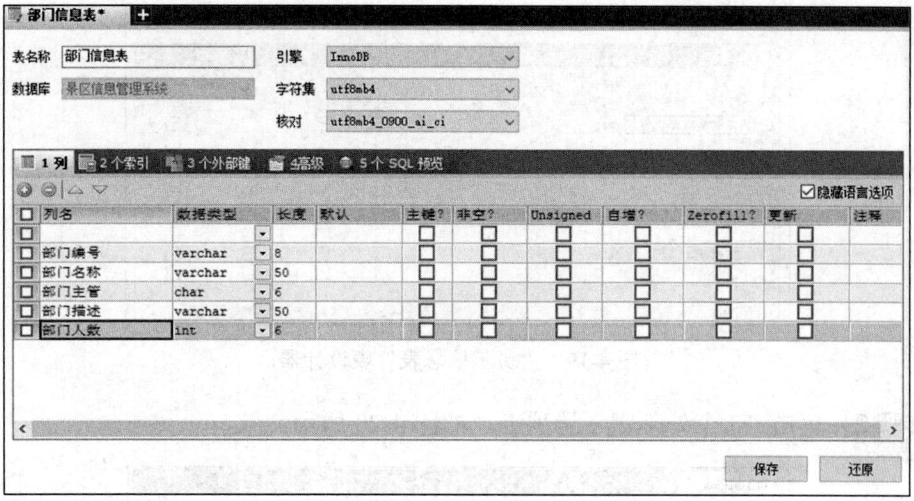

图 4-18　添加“部门人数”后的界面

任务 3　数据表的约束

任务目标

知识目标

- 掌握约束的定义和分类。
- 掌握使用 SQLyog 软件进行约束操作的方法。

能力目标

- 能够识别并理解不同类型的约束。
- 面对数据异常或违反约束的情况，能够分析问题原因并提出有效的解决方案。

素养目标

- 培养对细节的高度敏感性，确保在设置数据约束时精准识别并涵盖所有关键点。
- 塑造团队协作精神，能够与他人有效沟通数据约束的需求和实现策略。

任务说明

使用 SQLyog 在“员工信息表”的“所在部门编号”字段建立外键约束。要求该字段受“部门信息表”中“部门编号”字段值的约束。

任务实现

步骤 1 打开 SQLyog，在“对象浏览器”中右击“员工信息表”表，选择“改变表”命令，打开“员工信息表”设计器，如图 4-19 所示。

图 4-19 “员工信息表”表设计器

步骤 2 单击“3 个外部键”选项卡，如图 4-20 所示。

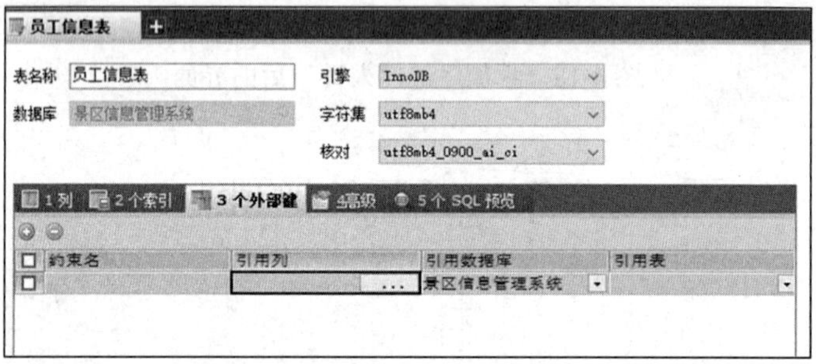

图 4-20 “3 个外部键”选项卡

步骤 3 单击第一个引用列中的省略号按钮，打开“栏位”对话框，选中要设置外键的列“所在部门编号”，如图 4-21 所示。

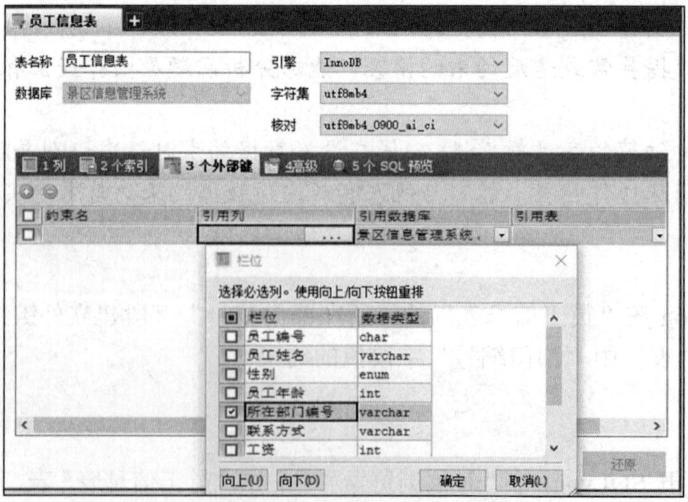

图 4-21 选中“所在部门编号”栏位

步骤 4 单击“确定”按钮。

步骤 5 单击引用表的下拉列，选择 department_info 表作为引用表，如图 4-22 所示。

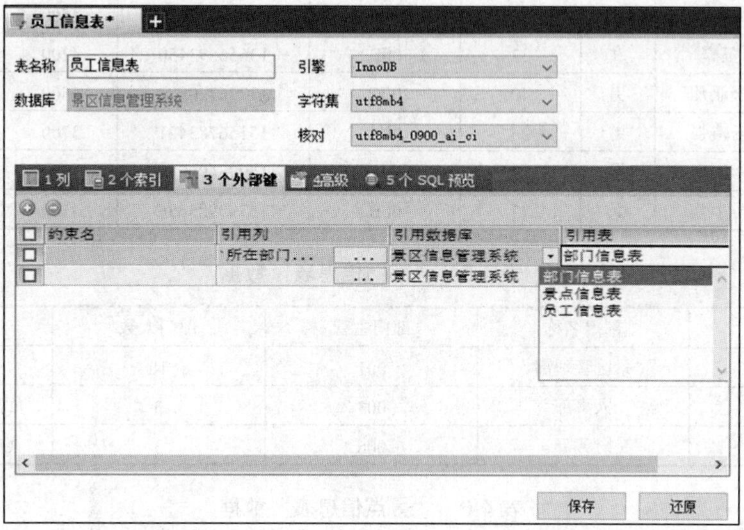

图 4-22　选取“部门信息表”

步骤 6 单击“保存”按钮。

任务 4　表数据的操作

任务目标

知识目标

➢ 理解数据操作的基本功能。

➢ 掌握使用 SQLyog 进行表数据操作的方法。

能力目标

➢ 具有使用 SQLyog 进行表数据管理的能力。

➢ 遇到数据操作问题时，能够独立分析问题原因并找到解决方案。

素养目标

➢ 深入理解并高度重视数据安全和隐私保护。

➢ 塑造团队协作精神，能够与团队成员进行有效沟通和协作。

任务说明

使用 SQLyog，向“员工信息表”“部门信息表”“景点信息表”中输入表 4-4～表 4-6 所示的数据信息。

表 4-4 “员工信息表”数据

员工编号	员工姓名	性别	员工年龄	所在部门编号	联系方式	工资	入职时间
001	张小龙	男	35	00A	13812387654	4500	2015-10-11
002	王霞	女	32	00B	13656893450	4200	2019-12-03
003	李亚凡	男	40	00C	13256720982	6800	2020-12-06
004	轩辕强	男	26	00A	15156783421	3700	2021-08-12
005	李宏宇	男	29	00C	15923490980	3900	2020-09-08
006	司小兰	女	33	00B	13790985656	4100	2018-05-07

表 4-5 “部门信息表”数据

部门编号	部门名称	部门主管	部门人数	部门描述
00A	景区管理部	001	18	负责景点管理
00B	人事部	003	3	负责景区人事管理
00C	财务部	006	3	负责景区财务管理

表 4-6 “景点信息表”数据

景点编号	景点名称	景点等级	景点地址	景点负责人编号
1001	桃花坪	5	新乡	001
1002	叠彩洞	5	焦作	002
1003	猕猴谷	4	焦作	003
1004	青龙峡	5	焦作	004

任务实现

步骤 1 打开 SQLyog，在“对象浏览器”中右击“员工信息表”，选择“打开表”命令，打开表数据信息。

步骤 2 在“表数据”选项卡中输入表 4-6 中的数据，如图 4-23 所示。

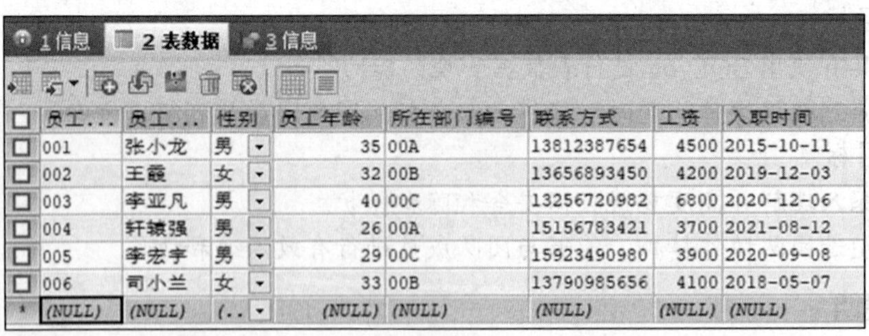

图 4-23 “员工信息表”数据

步骤 3 重复步骤 1 至步骤 2 完成“部门信息表”和“景点信息表”数据的输入。

说明：

① 没有输入的数据显示为 NULL。

② 若表中某些列不允许为空值，则必须输入值。

③ 自增列无须输入数据。

④ 主键列不能输入重复值。

⑤ bit 类型数据，用户需要输入 1 或者 0，系统对应显示 True 或者 False。

任务5　项目实战——景区数据表操作

任务目标

知识目标

- ➢ 灵活掌握表数据编辑的方法。
- ➢ 学会插入、删除和更新表数据的方法。

能力目标

- ➢ 培养维护表数据的能力。
- ➢ 培养处理复杂表数据的能力。

素养目标

- ➢ 培养对数据完整性和数据隐私的批判性思考能力。
- ➢ 塑造团队协作精神，能够与团队成员有效沟通协作。

任务说明

（1）在员工信息表中插入一条新记录（'007'，'李晓峰'，'男'，30，'00C'，'13212348907'，4120，'2020-12-23'）。

（2）将张小龙的入职时间改为“2016-11-23”。

（3）删除刚刚插入的新记录。

任务实现

步骤1 打开 SQLyog，在“对象浏览器”中右击“员工信息表”选择“打开表”命令，打开表数据信息。

步骤2 在表数据的下方空行处，直接输入记录内容即可。

步骤3 双击张小龙入职时间的值，修改为新值即可。

步骤4 单击刚刚插入的记录，单击“删除选定行”按钮，即可删除刚插入的记录。

思考与练习

实操题

1. 创建数据库 student 。

2. 在 student 中，按照要求创建数据表。

（1）在该数据库中创建一个名为“学生”的表（表 4-7）。

表 4-7　学生表结构

列名	数据类型	允许为空	特殊限制
学号	char(6)		主键
姓名	char(8)		
性别	char(2)	√	
专业	varchar(50)	√	
年龄	int		

（2）在该数据库中创建一个名为“课程”的表（表 4-8）。

表 4-8　课程表结构

列名	数据类型	允许为空	特殊限制
课程编号	char（3）		主键
课程名称	varchar(20)	√	

（3）在该数据库中创建一个名为“成绩”的表（表 4-9）。

表 4-9　成绩表结构

列名	数据类型	允许为空	特殊限制
学号	char(6)		外键
课程编号	char（3）		外键
课程成绩	int	√	

3. 向表内添加记录。

（1）向学生表添加如表 4-10 所示的记录。

表 4-10　学生表记录

学号	姓名	性别	专业	年龄
300001	许元	男	软件技术	29
300002	王胜	男	软件技术	25
300003	王梅	女	网络技术	23
300004	刘志	男	网络技术	31
300005	刘建远	男	计算机应用	34

（2）向课程表添加如表 4-11 所示的记录。

表 4-11　课程表记录

课程编号	课程名称
001	C#.Net 程序设计
002	SQL Server 数据库应用技术
003	C 语言程序设计

（3）向成绩表添加如表 4-12 所示的记录。

表 4-12　成绩表记录

学号	课程编号	课程成绩
300001	001	76
300002	001	73
300003	002	83
300004	003	89

项目评价

完成下列任务评价表。

评分内容	分数	自评分	互评分	教师评分	其他评分
课前预习完成情况	10				
知识目标完成情况	20				
能力目标完成情况	20				
素养目标完成情况	20				
课后任务完成情况	10				
课外拓展完成情况	10				
其他	10				
总分	100				
综合评价（自评分×20%+互评分×20%+教师评分×40%+其他评分×20%）					
学习体会					

项目 3　数据信息查询

项目背景

景区根据发展需要，现希望在景区信息管理系统中，用户能随时随地地查询出景点相关信息、管理人员相关信息等。本项目是完成各种信息的查询，通过本项目的学习，读者要掌握 MySQL 数据库中的简单查询、连接查询及嵌套查询，并能解决实际工作中的数据查询问题。

任务 1　简单查询

任务目标

知识目标

➢　熟悉 SELECT 语句的语法格式，掌握各子句的功能及含义。

➢ 掌握查询语句中各关键词的用法。

能力目标

➢ 能够按需求完成简单的数据查询。

➢ 能够灵活应用各关键词来解决具体问题。

素养目标

➢ 培养严谨的逻辑思维和高效的问题解决能力。

➢ 培养独立思考的能力。

任务说明

在“员工信息表”中，查询工资大于4000元的员工的姓名、工资和入职时间，并按工资由高到低排序。

任务实现

步骤1 打开SQLyog，在“对象浏览器”中单击“景区信息管理系统数据库”，将该数据库选定为当前数据库。

步骤2 在“询问”选项卡中输入如下查询语句：

```
SELECT 员工姓名,工资,入职时间
FROM 员工信息表
WHERE 工资>4000
ORDER BY 工资 DESC
```

步骤3 单击工具栏中的“执行查询”按钮。运行结果如图4-24所示。

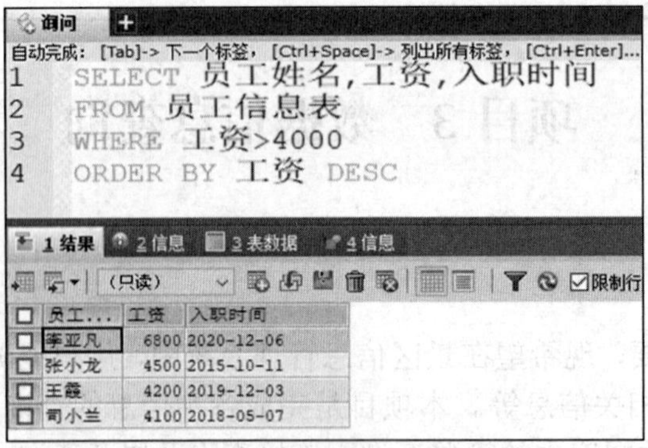

图4-24 简单查询运行结果图

任务2 连接查询

任务目标

知识目标

➢ 掌握各类连接查询的具体含义。

➢ 掌握各类连接查询的关键词。

能力目标

➢ 能够理解不同类型连接查询的基本概念和用途。

➢ 在实际数据库设计中，能够识别哪些场景适合使用哪种连接类型。

素养目标

➢ 增强对数据结构和关系的敏感度，理解数据关联的重要性。

➢ 具备快速适应数据环境变化的能力，能够灵活调整查询策略，以应对新的数据挑战。

任务说明

在员工信息表中查询工作人员的姓名、联系方式及所在部门名称。

任务实现

步骤 1 打开 SQLyog，在“对象浏览器”中单击“景区信息管理系统数据库”，将该数据库选定为当前数据库。

步骤 2 在“询问”选项卡中输入如下查询语句：

```
SELECT 员工姓名,联系方式,部门名称
FROM 员工信息表 INNER JOIN 部门信息表
ON '员工信息表'.'所在部门编号'='部门信息表'.'部门编号'
```

步骤 3 单击工具栏中的“执行查询”按钮。运行结果如图 4-25 所示。

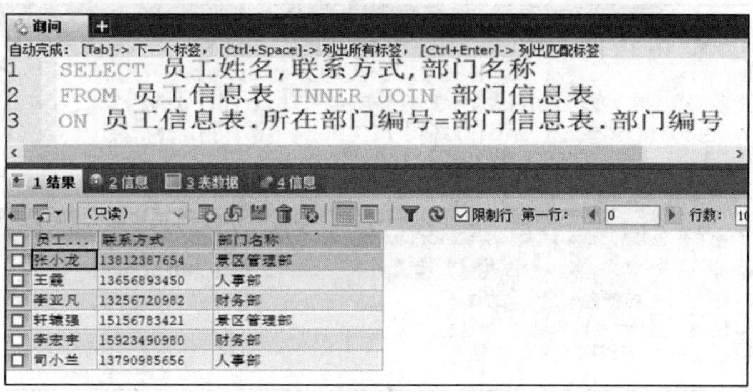

图 4-25　连接查询运行结果

任务 3　嵌 套 查 询

任务目标

知识目标

➢ 掌握嵌套查询的基本定义。

➢ 熟悉嵌套查询的语法结构，包括子查询的书写位置和方式。

能力目标

- 能够编写嵌套查询语句，解决多表关联的复杂查询需求。
- 能够运用嵌套查询解决实际数据库操作中的问题。

素养目标

- 在设计查询方案时，能够批判性地思考查询逻辑，优化查询效率，避免冗余和错误。
- 培养独立分析和解决问题的能力，以应对复杂数据的挑战。

任务说明

在“员工信息表”中查询人事部员工的姓名、联系方式及工资。

任务实现

步骤 1 打开 SQLyog，在“对象浏览器”中单击“景区信息管理系统数据库”，将该数据库选定为当前数据库。

步骤 2 在“询问”选项卡中输入如下查询语句：

```
SELECT 员工姓名,联系方式,工资
FROM 员工信息表 WHERE 所在部门编号
IN(SELECT 部门编号 FROM 部门信息表
WHERE 部门名称= '人事部')
```

步骤 3 单击工具栏中的“执行查询”按钮。运行结果如图 4-26 所示。

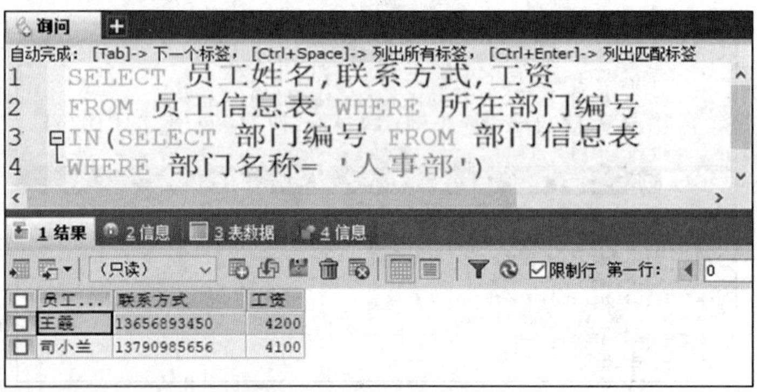

图 4-26 嵌套查询运行结果

任务 4 项目实践——景区信息查询

任务目标

知识目标

- 进一步理解数据查询在信息检索中的作用。
- 熟练使用 SQL 语句进行数据查询。

能力目标

- 能够根据实际需求设计有效的数据查询策略，优化查询效率。
- 具备数据清洗和预处理的能力，确保查询数据的质量。

素养目标

- 树立团队意识，在项目中与团队成员有效沟通，协作完成数据查询任务。
- 认识到数据查询技术的不断更新，培养持续学习的习惯，主动跟踪数据科学的最新发展，以保持技术的先进性和竞争力。

任务说明

在景区信息管理系统中查询景点名称、景点等级、景点负责人名称信息。

任务实现

步骤 1 打开 SQLyog，在“对象浏览器”中单击“景区信息管理系统数据库”，将该数据库选定为当前数据库。

步骤 2 在“询问”选项卡中输入如下查询语句：

```
SELECT 景点名称,景点等级,员工姓名
FROM 景点信息表 INNER JOIN 员工信息表
ON 景点信息表.景点负责人编号=员工信息表.员工编号
```

步骤 3 单击工具栏中的“执行查询”按钮。运行结果如图 4-27 所示。

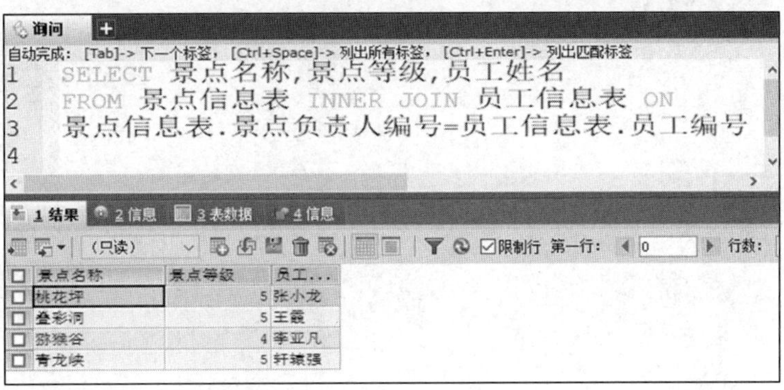

图 4-27　查询运行结果

思考与练习

实操题

在 student 数据库中完成以下查询操作。

（1）查询所有课程的信息。

（2）查询年龄在 25～30 之间的学生的姓名、专业以及年龄。

（3）查询所有男、女学生的平均年龄。

（4）查询所有软件技术专业的同学信息。

项目评价

完成下列任务评价表。

评分内容	分数	自评分	互评分	教师评分	其他评分
课前预习完成情况	10				
知识目标完成情况	20				
能力目标完成情况	20				
素养目标完成情况	20				
课后任务完成情况	10				
课外拓展完成情况	10				
其他	10				
总分	100				
综合评价（自评分×20%+互评分×20%+教师评分×40%+其他评分×20%）					
学习体会					

单元 5

人工智能之 Python 基础

【单元简介】

程序设计（programming）是计算机科学与软件开发领域的核心概念，它是指具体设计、编制、调试计算机程序的方法和过程。在计算机科学和软件开发中，程序是连接计算机软硬件，实现计算机与人类沟通的桥梁。通过程序设计，人们可以将抽象的问题转化为具体的计算机指令，利用计算机的强大算力及逻辑能力帮助人类解决实际问题。

程序设计涉及具体编程语言的选择和使用。不同的编程语言有不同的语法、语义和特性，适用于不同的应用场景。选择合适的编程语言可以简化程序设计过程，提高开发效率，并降低维护成本。在人工智能领域，Python 语言因其丰富的库和友好的语法成了 AI 研究和开发的首选语言。Python 拥有大量的 AI 库和工具，如 TensorFlow、PyTorch、scikit-learn 等，这些工具使得开发者能够构建和训练复杂的机器学习模型，从而实现人工智能的各种应用，如图像识别、语音识别、自然语言处理等。

本单元主要以 Python 语言为例，借助于 Python 语言对应的语法语义的学习，掌握程序设计基本技能，以便更好地利用计算机来解决实际问题，创造更加美好的未来。在 AI 程序设计中，开发者需要掌握的不仅是传统的编程技能，还包括机器学习、深度学习、自然语言处理等与 AI 相关的核心技术。这些核心技术使得开发者能够构建出能够从数据中学习、识别模式、做出预测，并在某些情况下甚至能够自主决策的智能系统。通过学习 Python 等编程语言，开发者可以利用其丰富的 AI 库和框架，来构建和训练复杂的机器学习模型，从而实现人工智能的各种应用，推动科技进步，改善人类生活，并为创造更加美好的未来奠定基础。

【思维导图】

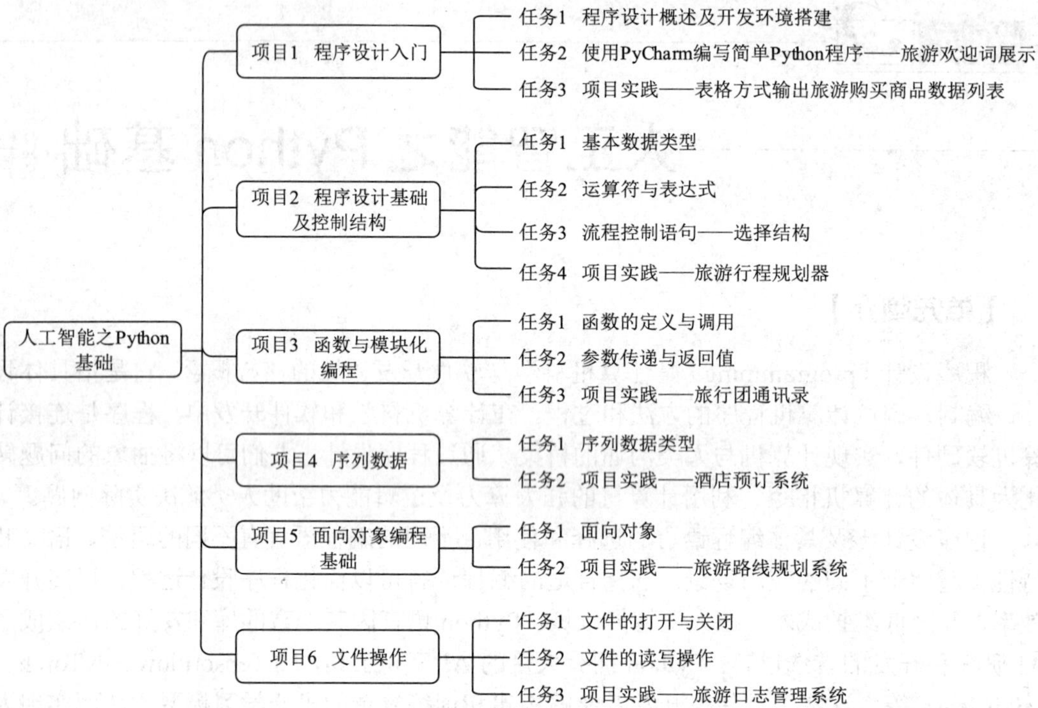
人工智能之Python基础
项目1 程序设计入门
任务1 程序设计概述及开发环境搭建
任务2 使用PyCharm编写简单Python程序——旅游欢迎词展示
任务3 项目实践——表格方式输出旅游购买商品数据列表
项目2 程序设计基础及控制结构
任务1 基本数据类型
任务2 运算符与表达式
任务3 流程控制语句——选择结构
任务4 项目实践——旅游行程规划器
项目3 函数与模块化编程
任务1 函数的定义与调用
任务2 参数传递与返回值
任务3 项目实践——旅行团通讯录
项目4 序列数据
任务1 序列数据类型
任务2 项目实践——酒店预订系统
项目5 面向对象编程基础
任务1 面向对象
任务2 项目实践——旅游路线规划系统
项目6 文件操作
任务1 文件的打开与关闭
任务2 文件的读写操作
任务3 项目实践——旅游日志管理系统

项目 1　程序设计入门

项目背景

学生李霞实习时发现公司同事在统计公司收支数据时，计算机会自动对数据进行统计，同时自动生成报表和数据分析柱状图，李霞对程序设计强大的自动化办公功能产生了浓厚的兴趣，希望了解并学习程序设计相关的知识。本项目是教会李霞程序设计入门知识，并能编写简单程序，实现旅游纪念品价格计算器。通过本项目的学习，读者要了解程序设计基本概念，对编程语言有基本了解，理解 Python 语言程序的基本组成，掌握 Python 语言的语法规定和书写规范，Python 程序开发环境的搭建及输出函数 print()和输入函数 input()的基本使用等。

任务 1　程序设计概述及开发环境搭建

任务目标

知识目标

- 了解程序设计的基本概念及编程语言的分类。
- 掌握 Python 开发环境的搭建。

能力目标

- 理解程序设计及编程语言的相关概念。
- 能够搭建 Python 开发环境。

素养目标

- 通过算法设计和问题分析，锻炼学生的抽象思维和严谨思维。

任务说明

学习程序设计基础知识的同时，学会搭建 Python 开发环境，并使用 IDLE 或 Python Shell 编写并输出“Welcome to Luoyang Laojun Mountain”的景区欢迎词。

任务实现

步骤 1　正确下载并安装 Python。

步骤 2　单击“开始”按钮→“IDLE（Python 3.12 64-bit）”，启动 IDLE 窗口。

步骤 3　在 IDLE 窗口出现提示符“>>>”的右侧输入程序代码，语句示例如图 5-1 所示。

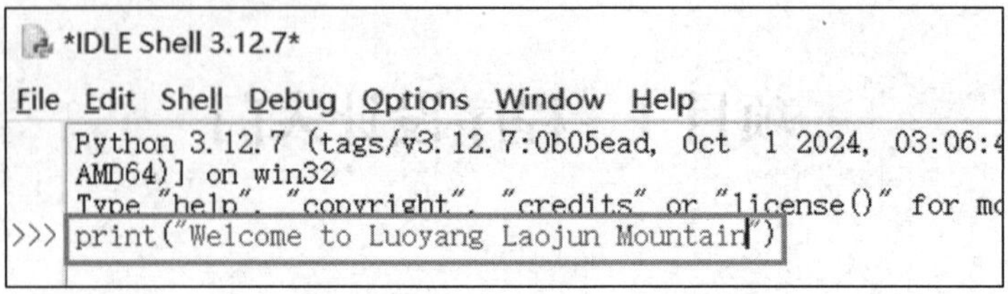

图 5-1　语句示例（一）

步骤 4 程序代码输入完毕后按 Enter 键，就会直接执行该语句。运行结果如图 5-2 所示。

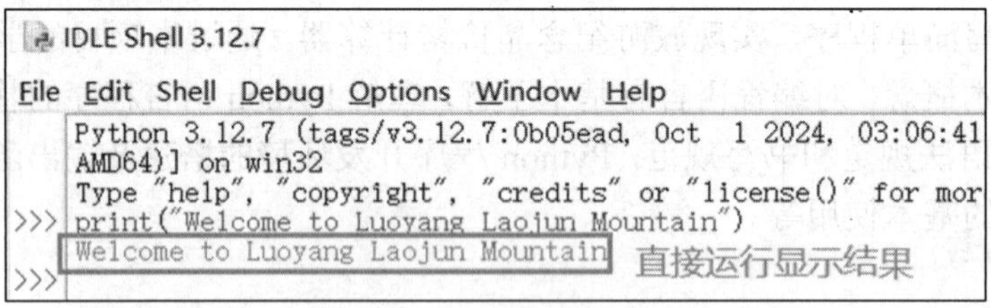

图 5-2　运行结果（一）

说明：实际开发程序时，一个 Python 程序不能只有一行代码，如果需要编写多行代码，可以创建一个文件保存这些代码，全部编写完毕后一起运行。

步骤 5 单击“开始”按钮→“Python 3.12 (64-bit)”，启动 Python Shell 窗口。

步骤 6 在 Python Shell 窗口出现提示符“>>>”的右侧输入程序代码，语句示例如图 5-3 所示。

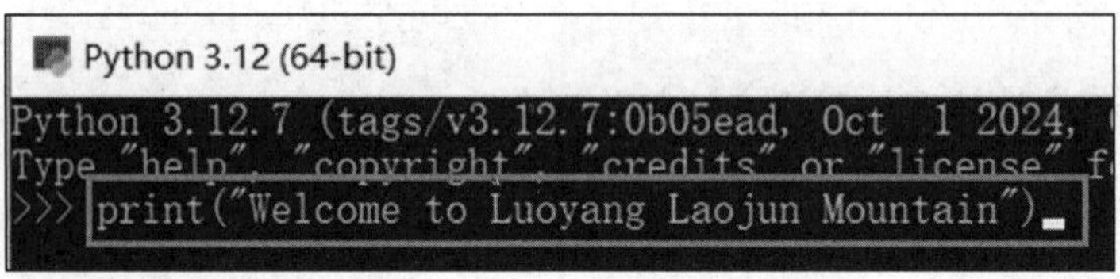

图 5-3　语句示例（二）

步骤 7 程序代码输入完毕后按 Enter 键，就会直接执行该语句。运行结果如图 5-4 所示。

图 5-4　运行结果（二）

任务 2　使用 PyCharm 编写简单 Python 程序——旅游欢迎词展示

任务目标

知识目标

- ➢ 掌握使用 PyCharm 集成开发环境。
- ➢ 掌握 Python 程序的基本组成。

能力目标

- ➢ 能够安装 Python 集成开发环境 PyCharm。
- ➢ 能够使用 Pycharm 编写简单 Python 程序。

素养目标

- ➢ 培养良好的编程习惯，保持代码的可读性、规范性和整洁性。
- ➢ 通过编写程序，培养学生分析问题和解决问题的能力。

任务说明

Python 开发环境搭建成功后，使用 PyCharm 集成开发环境编写简单的 Python 程序，在 PyCharm 开发环境下编写并运行输出旅游欢迎词“欢迎来到洛阳老君山”。

任务实现

步骤 1 启动 PyCharm，界面如图 5-5 所示，单击“+”对应的 New Project。

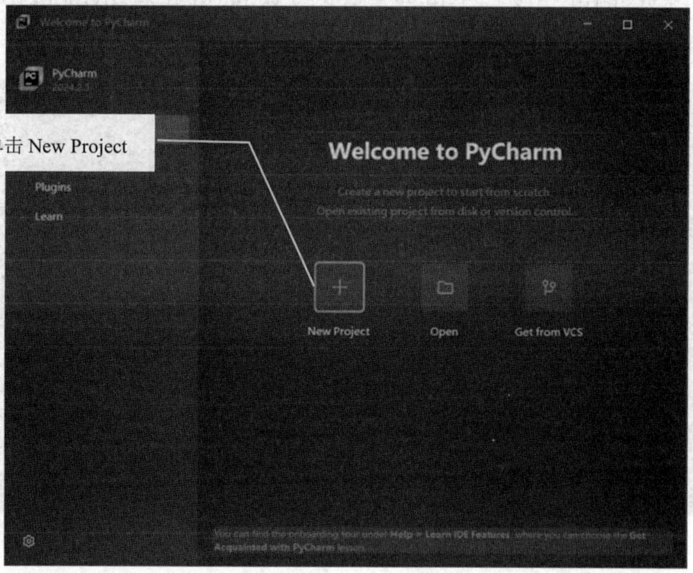

图 5-5　PyCharm 界面

注意： 可以根据需要对 PyCharm 进行改变字体大小、自动引入包、背景主题等进行设置，同样可以通过安装插件实现软件汉化。

步骤 2 在打开的 New Project 对话框中设置新建 Python 工程的工程名及存放在本地计算机上的路径，确认 Python 解释器后单击 Create 按钮，操作如图 5-6 所示。

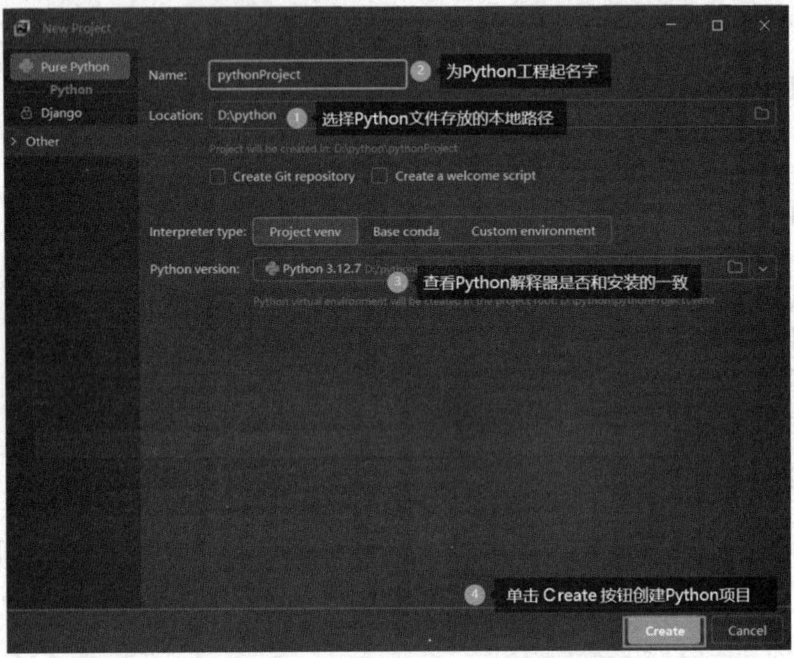

图 5-6　New Project 对话框

步骤 3 在 PyCharm 主窗口单击创建好的 PyCharm 工程 pythonProject，在弹出的快捷菜单中选择 New→Python File 命令，操作如图 5-7 所示。

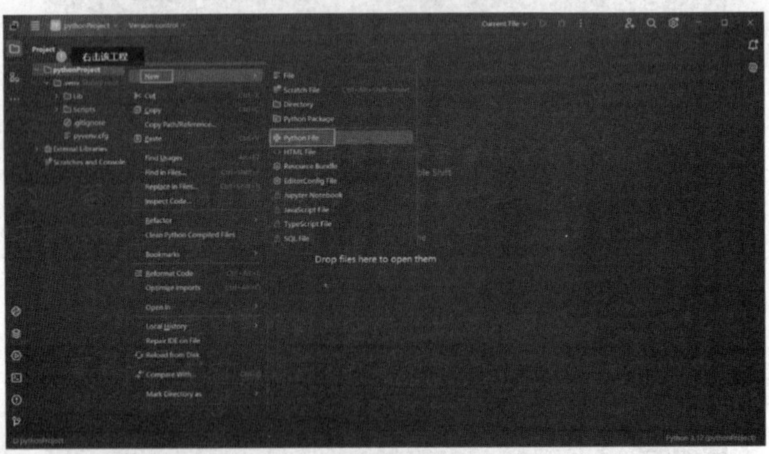

图 5-7　新建 Python 程序文件

步骤 4 在打开的 New Python file 对话框中输入 Python 文件名“test1”，如图 5-8 所示，然后按 Enter 键，完成 Python 程序文件的新建任务，效果如图 5-9 所示。

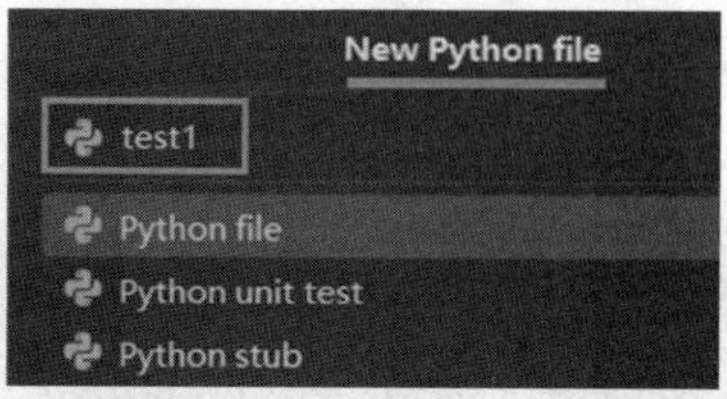

图 5-8 新建名字为“test1”的 Python 文件

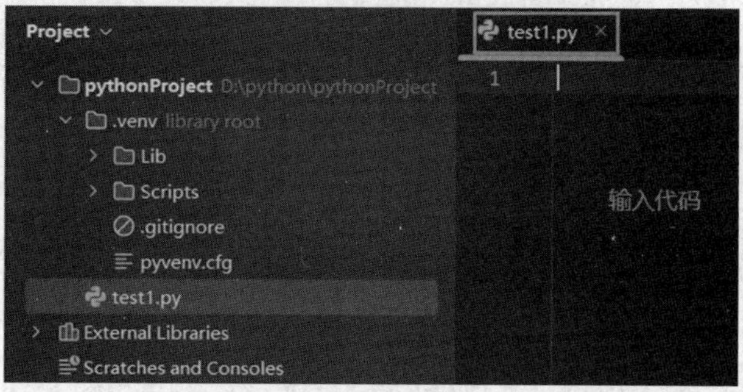

图 5-9 完成 Python 新建文件任务

步骤 5 在新建文件 test1.py 的代码编辑窗口中输入以下代码：

```
print("洛阳老君山景区，欢迎您的到来！")
```

创建的 Python 文件及输入的代码如图 5-10 所示。

图 5-10 创建的 Python 文件及输入的代码

说明：

① 程序代码编辑过程，可以使用组合键 Ctrl+Z 实现恢复操作。

② 可以通过工具栏中 File 菜单中的 Save As 实现复制该 Python 文件操作，Save All 实现保存程序文件操作，如图 5-11 所示。

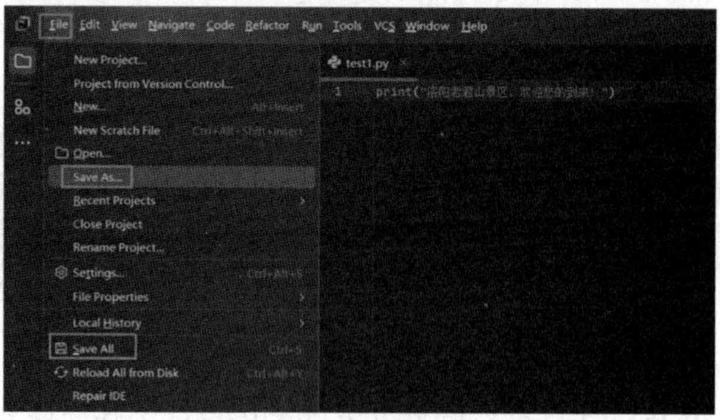

图 5-11 复制和保存 Python 文件操作

步骤 6 右击代码编辑窗口，在弹出的快捷菜单中选择 Run 'test1'选项，运行 Python 程序文件 test1.py，如图 5-12 所示，具体运行结果如图 5-13 所示。

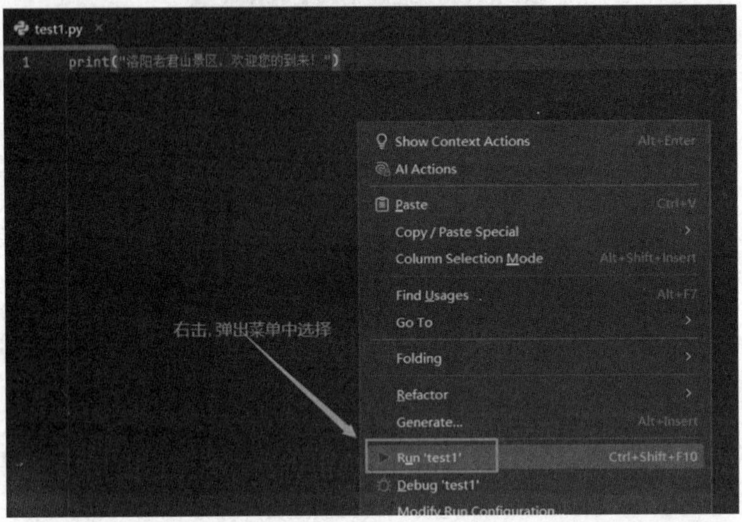

图 5-12　运行 Python 文件

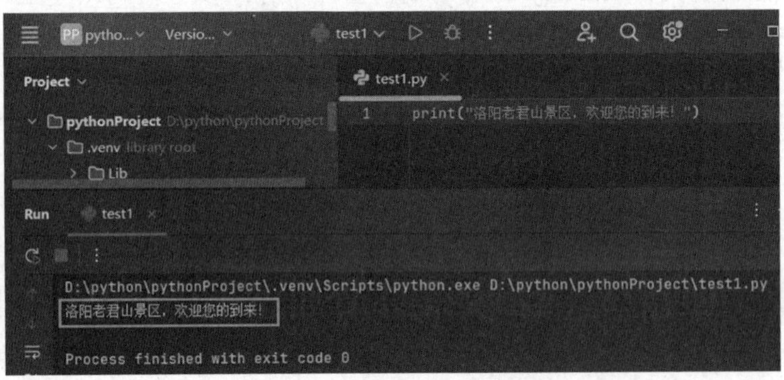

图 5-13　Python 文件运行结果

说明：运行 Python 程序文件的方式还有以下两种：

① 单击菜单栏上的“运行”按钮▷，运行当前窗口的 Python 程序。

② 单击菜单栏上的 Run 菜单，选择 Run 'test1.py'选项，运行对应的 Python 程序文件，如图 5-14 所示。

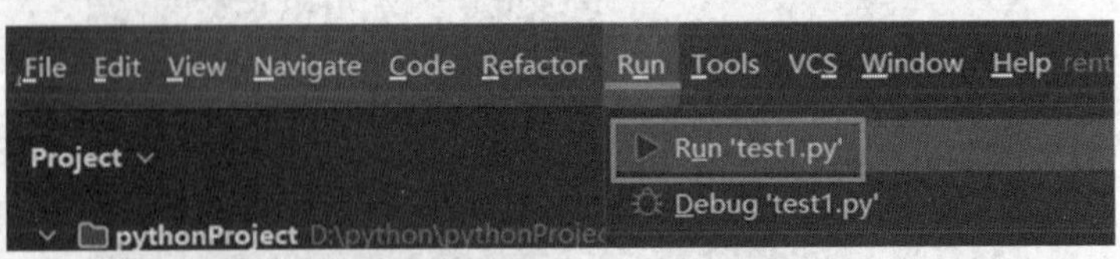

图 5-14　使用 Run 菜单运行程序

注意：“运行” Python 文件的同时可以实现对 Python 文件的保存。

任务 3　项目实践——表格方式输出旅游购买商品数据列表

任务目标

知识目标

- ➢ 掌握 Python 程序的基本组成。
- ➢ 掌握 Python 程序的注释。
- ➢ 掌握输出函数 print()的基本使用。
- ➢ 掌握输入函数 input()的基本使用。

能力目标

- ➢ 能够编写带有注释的 Python 程序。
- ➢ 能够使用 print()函数输出数据。
- ➢ 能够使用 input()函数获取用户输入。
- ➢ 能够将用户输入的数据进行处理和组织。

素养目标

- ➢ 通过编写程序处理数据，培养学生逻辑思考和问题解决的能力。
- ➢ 在编程实践中学会与他人合作，共享代码和知识，提高团队合作精神。
- ➢ 编程中遵循编码规范和最佳实践，提高遵守规范意识。

任务说明

2024 年暑假，学生王伟去长沙游玩，购买了很多具有长沙特色纪念品，为留下纪念，编写程序在 PyCharm 集成开发环境中模拟实现如图 5-15 所示的“长沙旅游纪念”。

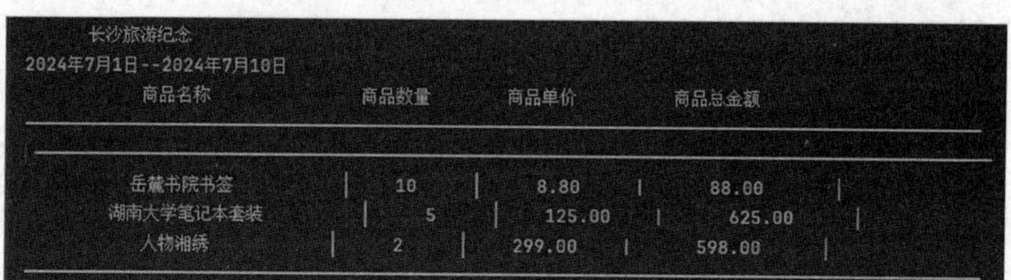

图 5-15　任务实现效果图

任务实现

步骤 1 在 PyCharm 项目中新建一个 Python 文件 test3.py。

步骤 2 在该 Python 文件中编写程序代码，实现所需功能，具体的代码如下：

```
# 开发人员：
# 开发时间： 2024/7/22
# 文件名称： test3.py
# 开发工具： PyCharm
```

```
# 创建一个空列表来存储商品信息
products = []

for i in range(3):
    obj = input("请输入购买的商品：")
    num = int(input("请输入购买该商品的数量："))
    price = float(input("请输入该商品的单价："))
    total = num * price
    products.append((obj, num, price, total))# 将商品信息添加到列表中
print("      长沙旅游纪念          ")
year = 2024
month = 7
daybegin = 1
dayend = 10

print("{0}年{1}月{2}日".format(year, month, daybegin), end="--")
print("{0}年{1}月{2}日".format(year, month, dayend))
# 打印表头
print("{:^26s}".format("商品名称"), end="")
print("{:^11s}".format("商品数量"), end="")
print("{:^11s}".format("商品单价"), end="")
print("{:^15s}".format("商品总金额"))
print("────────────────────────────────────────────────────────────────────────────────")

# 打印分隔线
print(chr(9615), end="")
print("────────────────────────────────────────────────────────────────────────────────")

# 循环遍历商品信息列表并打印
for product in products:
    obj, num, price, total = product
    print("{:^26s}".format(obj), end="")
    print("|", end="")
    print("{:^11d}".format(num), end="")
    print("|", end="")
    print("{:^14.2f}".format(price), end="")
    print("|", end="")
    print("{:^18.2f}".format(total), end="")
    print(chr(9615))

# 打印分隔线
print("────────────────────────────────────────────────────────────────────────────────")
```

步骤 3 单击“运行”按钮，保存并运行该程序文件，按照提示依次输入购买的商品信息。

步骤 4 按照提示输入完成所购买的商品信息后输出对应运行结果。

知识拓展

Python 的常用内置函数

Python 的内置函数不仅只有输入/输出函数，还有很多常用的内置函数，这些内置函数的名字也不应该作为标识符出现，虽然使用这些内置函数的名字作为标识符 Python 解释器不会提示错误，但是该内置函数会被这个标识符覆盖，该内置函数也失去了 Python 中赋予的内置函数的作用，不能再被使用。

图 5-16 给出了 Python 常用的内置函数，课后可尝试搜索其各自的功能。

Python 常用的内置函数

abs()	all()	any()	basestring()	bin()
bool()	bytearray()	callable()	chr()	classmethod()
cmp()	compile()	complex()	delattr()	dict()
dir()	divmod()	enumerate()	eval()	execfile()
file()	filter()	float()	format()	frozenset()
getattr()	globals()	hasattr()	hash()	help()
hex()	id()	input()	int()	isinstance()
issubclass()	iter()	len()	list()	locals()
long()	map()	max()	memoryview()	min()
next()	object()	oct()	open()	ord()

图 5-16 Python 常用内置函数

思考与练习

一、选择题

1. 在 Python 中，（　　）函数用于从用户那里获取输入。

A. input()　　B. get_input()　　C. read_input()　　D. input_value()

2. 下列函数中，（　　）用于在屏幕上显示输出。

A. output()　　B. print()　　C. display()　　D. show()

3. Python 程序的执行总是从（　　）开始的。

A. 第一个定义的函数

B. 第一个类定义

C. 程序的中间

D. 程序的顶部（如果有 if __name__ == "__main__":，则从该部分开始，否则从

第一行开始）

4. 在 Python 中，符号（　　）用于表示注释。

A. //　　B. #　　C. /* */　　D. "

5. 下列选项中，（　　）是 Python 中的合法变量名。

A. 3variable　　B. variable-3　　C. class　　D. my_variable

二、填空题

1. Python 中的注释以______符号开始。

2. 在 Python 中，变量名不能以数字开头，也不能包含空格或特殊字符（除了______）。

三、简答题

1. 解释什么是变量，并说明为什么变量在编程中很重要。

2. 描述 input()函数的工作原理，并解释为什么通常需要将 input()函数的返回值转换为其他类型（如整数或浮点数）。

3. 解释 print()函数的作用，并给出几个使用 print()函数格式化输出的例子。

4. 什么是注释？在 Python 代码中添加注释的好处是什么？

四、编程题

1. 编写一个程序，要求用户输入他们的名字，并使用 print()函数在屏幕上显示欢迎消息。

2. 创建一个程序，它首先打印一条消息，然后要求用户输入他们的年龄。根据输入的年龄，程序应该打印出用户是“年轻”还是“年长”（假设 30 岁是分界线）。

3. 编写一个程序，它要求用户输入一个数字，然后判断这个数字是正数、负数还是零，并打印相应的消息。

五、实操题

1. 运行上述第一个编程题中的程序，并输入你的名字，观察输出。

2. 运行第二个编程题中的程序，输入你的年龄，观察程序是如何判断你是“年轻”还是“年长”的。

3. 运行第三个编程题中的程序，输入一个正数、一个负数和零，观察程序的输出。

项目评价

完成下列任务评价表。

评分内容	分数	自评分	互评分	教师评分	其他评分
课前预习完成情况	10				
知识目标完成情况	20				
能力目标完成情况	20				
素养目标完成情况	20				

续表

评分内容	分数	自评分	互评分	教师评分	其他评分
课后任务完成情况	10				
课外拓展完成情况	10				
其他	10				
总分	100				
综合评价（自评分×20%+互评分×20%+教师评分×40%+其他评分×20%）					
学习体会					

项目 2　程序设计基础及控制结构

项目背景

随着人们生活水平的日益提高，旅游成为越来越多的人在周末或假期选择的休闲方式。合理规划旅游预算是保证旅行质量的关键。针对不同消费水平的人群，旅游公司提供了不同的旅游消费项目和产品。本项目是帮助旅游公司开发一个旅游预算规划器，帮助用户根据旅游目的地、天数、人数等因素，自动计算并规划旅游预算。通过本项目的学习，读者要掌握 Python 中的变量和数据类型、Python 运算符、Python 流程控制语句，并能在此基础上理解选择结构和循环结构的使用场景，熟练使用 Python 运算符及流程控制语句实现解决现实生活中的实际问题。

任务 1　基市数据类型

任务目标

知识目标

- 掌握变量的概念。
- 掌握 Python 的数据类型。

能力目标

- 能够定义和使用变量。
- 能够熟练基本数据类型的操作。

素养目标

- 通过合理使用变量和数据类型，提高代码的可读性和可维护性。
- 通过在编程中尝试新的方法和技术，培养创新思维能力。

任务说明

在现实世界中，人们可以很容易实现对不同种类物品进行分类存放，也很容易分清整数和小数、字符之间的区别，但在计算机的世界里，却不能自动识别各种物品及各种物品的类型并实现分类存放。因此，在编程语言中，只有对要存储的数据进行数据类型划分，计算机才能对数据进行精确处理。本任务学习 Python 语言中涉及的常量、变量等概念，认识常用的 Python 数据类型，以及如何定义变量及操作各种基本数据类型。

任务实现

步骤 1 了解 Python 中的基本数据类型，并针对不同数据类型定义不同的变量。演示代码如下：

```
# 定义一个整数类型的变量
age = 19
# 定义一个浮点类型的变量
price = 199.99
# 定义一个字符串类型的变量
name = "AITravel"
# 定义一个布尔类型的变量
is_valid = True
print(type(age))
print(age)
print(type(price))
print(price)
print(type(name))
print(name)
print(type(is_valid))
print(is_valid)
```

步骤 2 使用数据类型转换函数实现对数据类型的基本转换，并进行输出。演示代码如下：

```
print(int(is_valid))
print(int(price))
print(float(age))
print(str(price))
print(bool(price))
```

步骤 3 运行结果如图 5-17 所示。

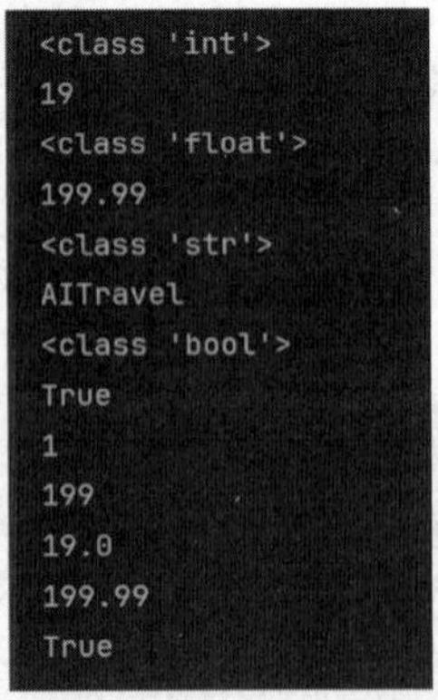

图 5-17 运行结果

任务2　运算符与表达式

任务目标

知识目标

- 掌握运算符与表达式的概念。
- 掌握 Python 的运算符类型及用法。
- 掌握运算符的优先级与结合性。

能力目标

- 能够使用运算符进行基本的运算。
- 能够编写包含多种运算符的表达式。

素养目标

- 培养良好的代码书写习惯，包括运算符的正确使用。
- 培养逻辑思维能力，通过运算符和表达式实现复杂逻辑。

任务说明

在编程中，运算符是执行操作的符号，而表达式是由变量、运算符和值组成的组合，它们共同完成了某种计算。Python 中的运算符包括算术运算符、比较运算符、赋值运算符等多种类型。本任务旨在学习 Python 中的运算符及其应用，掌握如何编写包含运算符的表达式，并理解表达式的求值过程。

任务实现

步骤 1 了解 Python 中的运算符类型，并使用不同运算符进行基本运算。算术运算符演示代码如下：

```
# 算术运算符
age = 19
price = 199.99
# 加法
total_price = price + 100
# 减法
discounted_price = price - 50
# 乘法
total_items = 5 * price
# 除法
unit_price = price / 2
# 整除
ave_age = age // 2
# 取余
mod = age % 5
print(total_price)
print(discounted_price)
```

```
print(total_items)
print(unit_price)
print(ave_age)
print(mod)
```

步骤 2 使用比较运算符和赋值运算符，进行条件判断和变量赋值。演示代码如下：

```
# 比较运算符
is_valid = True
# 检查价格是否大于 100
if price > 100:
   print("Price is greater than 100")
# 赋值运算符
age += 1  # age = age + 1
print(age)
```

步骤 3 运行结果如图 5-18 所示。

```
299.99
149.99
999.95
99.995
9
4
Price is greater than 100
20
```

图 5-18 运行结果

任务 3 流程控制语句——选择结构

任务目标

知识目标

- 掌握选择结构的概念。
- 掌握 Python 中选择结构的语句。

能力目标

- 能够使用 if、elif 和 else 语句编写条件逻辑。
- 能够根据条件选择执行不同的代码块。

素养目标

- 培养逻辑思维能力，通过选择结构实现决策制订。
- 培养良好的代码书写习惯，包括条件判断的清晰表达。

任务说明

在实际生活中，人们总会面临不同的选择，如在旅游中由于时间有限，根据旅游预算天数对当地众多旅游景点做出不同的选择，程序设计中使用选择结构来表达根据不同情况做出不同决策的选择，从而执行对应决策的操作。Python 提供了 if、elif 和 else 关键字来实现选择结构。本任务是学习 Python 语言中的选择结构，利用选择结构解决去广西旅游通过旅游天数选择不同旅游景点的决策支持系统。

任务实现

步骤 1 需求分析。确定该决策支持系统给出的旅游天数有 3 天以内、3～5 天和 5 天以上 3 种选择下推荐的景点组合，如表 5-1 所示。

表 5-1　旅游景点推荐组合

旅游天数	推荐旅游景点组合
3 天以内	桂林漓江和阳朔西街
3～5 天	桂林漓江、阳朔西街和龙胜梯田
5 天以上	桂林漓江、阳朔西街、龙胜梯田、北海银滩和德天瀑布

步骤 2 使用多分支选择结构语句解决问题，演示代码如下：

```
days = int(input("请输入您打算旅游的天数："))
if days <= 3:
    print("强烈推荐您去桂林漓江和阳朔西街两个景点看看。")
elif days <=5:
    print("推荐您去桂林漓江、阳朔西街和龙胜梯田游玩。")
else:
    print("时间比较充裕，桂林漓江、阳朔西街、龙胜梯田、北海银滩和德天瀑布您都可以去看看。")
```

步骤 3 程序运行结果如图 5-19 所示。

```
请输入您打算旅游的天数：2
强烈推荐您去桂林漓江和阳朔西街两个景点看看。
```

```
请输入您打算旅游的天数：4
推荐您去桂林漓江、阳朔西街和龙胜梯田游玩。
```

```
请输入您打算旅游的天数：6
时间比较充裕，桂林漓江、阳朔西街、龙胜梯田、北海银滩和德天瀑布您都可以去看看。
```

图 5-19　运行结果

任务 4　项目实践——旅游行程规划器

任务目标

知识目标

➢　掌握循环结构的概念。

➢ 掌握 Python 中循环结构语句。

能力目标

➢ 能够使用 for 和 while 循环语句实现循环操作。

➢ 能够根据条件使用 break 和 continue 控制循环流程。

素养目标

➢ 培养逻辑思维能力，通过循环结构实现重复任务的自动化。

➢ 培养良好的代码书写习惯，包括循环的清晰表达和控制。

任务说明

选择结构帮我们解决了根据旅游天数进行不同景点旅游的决策，在使用上一任务的系统时发现执行一次只能输入一个天数，如果需要重复进行选择天数，则系统没有办法进行。在现实生活中，经常需要重复这样的工作。Python 提供了循环语句来解决重复工作的问题，本任务主要学习 Python 语言中的循环结构 for 和 while 语句，并利用循环结构实现根据旅游天数选择不同旅游景点的旅游行程规划器。

任务实现

步骤 1 需求分析。确定该决策支持系统给出的旅游天数有 3 天以内、3～5 天和 5 天以上 3 种选择下推荐的景点组合。组合如选择结构中的表 5-1 所示。

步骤 2 使用循环结构语句解决问题，演示代码如下：

```
while True:
    days = int(input("请输入您打算旅游的天数："))
    if days == 0:
        print("您没有计划旅游天数，程序将退出。")
        break  # 当输入为 0 时跳出循环
    elif days <= 3:
        print("强烈推荐您去桂林漓江和阳朔西街两个景点看看。")
    elif days <= 5:
        print("推荐您去桂林漓江、阳朔西街和龙胜梯田游玩。")
    else:
        print("时间比较充裕，桂林漓江、阳朔西街、龙胜梯田、北海银滩和德天瀑布您都可以去看看。")
```

步骤 3 程序运行结果如图 5-20 所示。

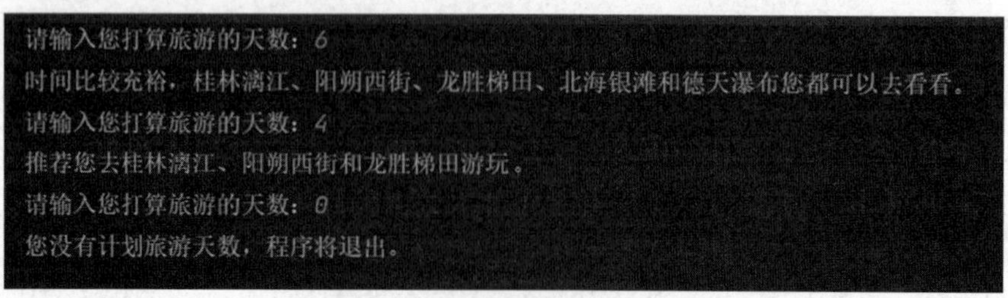

图 5-20 循环结构运行结果

知识拓展

循环嵌套

为了实现更为复杂的逻辑，解决现实生活中的各种情况，循环之间是可以互相嵌套的。按照不同的嵌套方式，可以分为 for 循环嵌套和 while 循环嵌套。分别使用 for 循环嵌套和 while 循环嵌套实现输出九九乘法表，具体代码如下：

```
# 使用 for 循环编写九九乘法表
for i in range(1, 10):  # 外层循环表示乘法表的第一个因子
    for j in range(1, i + 1):  # 内层循环表示乘法表的第二个因子
        print(f"{j} * {i} = {i * j}", end="\t")  # 打印乘法公式，end="\t"表示用制表符分隔
    print()  # 每打印完一行后换行

# 使用 while 循环编写九九乘法表
i = 1  # 初始化外层循环的计数器
while i <= 9:  # 外层循环条件
    j = 1  # 初始化内层循环的计数器
    while j <= i:  # 内层循环条件
        print(f"{j} * {i} = {i * j}", end="\t")  # 打印乘法公式，end="\t"表示用制表符分隔
        j += 1       # 更新内层循环的计数器
    print()          # 每打印完一行后换行
    i += 1           # 更新外层循环的计数器
```

思考与练习

一、选择题

1. 在 Python 中，运算符（　　）用于求两个数的和。
   A. +　　B. -　　C. *　　D. /
2. 下列选项中，（　　）是 Python 中的布尔类型数据。
   A. int　　B. float　　C. bool　　D. str
3. 在 Python 中，关键字（　　）用于定义循环的开始。
   A. if　　B. for　　C. while　　D. else
4. 下列表达式中，（　　）可以判断一个变量 x 是否为偶数。
   A. x % 2 == 0　　B. x // 2 == 0　　C. x * 2 == 0　　D. x - 2 == 0
5. 在 Python 中，函数（　　）用于获取字符串的长度。
   A. len()　　B. str()　　C. int()　　D. float()

二、填空题

1. 在 Python 中，5 + 3 的结果是______。

2. Python 中的布尔值有两个，分别是 True 和______。
3. 使用 for 循环遍历一个列表时，循环变量会依次取得列表中的每一个______。
4. 在 Python 中，使用 if 语句可以根据______的结果来执行不同的代码块。
5. 要在 Python 中打印一个字符串"hello"的次数，可以使用 for 循环结合______函数。

三、简答题

1. 解释 Python 中的算术运算符，并给出每个运算符的例子。
2. 描述 Python 中的数据类型，并解释为什么数据类型在编程中很重要。
3. 解释 if 语句的工作原理，并给出一个使用 if-elif-else 结构的例子。
4. 描述 for 循环和 while 循环的区别，并解释为什么在某些情况下一种循环比另一种更合适。
5. 解释 Python 中的列表推导式，并给出一个使用列表推导式创建列表的例子。

四、编程题

1. 编写一个程序，要求用户输入两个整数，并打印它们的和、差、积和商。
2. 创建一个程序，它首先打印一个数字列表，然后要求用户输入一个数字。如果输入的数字在列表中，程序应该打印“Found”，否则打印“Not Found”。
3. 编写一个程序，要求用户输入一个整数，然后打印从 1 到该整数的所有偶数。
4. 创建一个程序，它使用 while 循环打印从 1 到 10 的数字。
5. 使用列表推导式创建一个包含数字 1 到 10 的平方的列表，并打印该列表。

五、实操题

1. 运行第一个编程题中的程序，输入两个整数（如 6 和 3），观察输出结果。
2. 运行第二个编程题中的程序，输入一个在列表中的数字和一个不在列表中的数字，观察程序的输出。
3. 运行第三个编程题中的程序，输入一个整数（如 7），观察打印出的偶数。
4. 运行第四个编程题中的程序，观察从 1 到 10 的数字是如何被打印出来的。
5. 运行第五个编程题中的程序，观察打印出的平方列表。

项目评价

完成下列任务评价表。

评分内容	分数	自评分	互评分	教师评分	其他评分
课前预习完成情况	10				
知识目标完成情况	20				
能力目标完成情况	20				
素养目标完成情况	20				
课后任务完成情况	10				

续表

评分内容	分数	自评分	互评分	教师评分	其他评分
课外拓展完成情况	10				
其他	10				
总分	100				
综合评价（自评分×20%+互评分×20%+教师评分×40%+其他评分×20%）					
学习体会					

项目 3　函数与模块化编程

项目背景

随着程序功能的提升，程序开发的难度和复杂度越来越高，为了方便后期程序代码的阅读和后期的维护，往往将程序分解为若干个功能模块，每一个功能模块中包括一个或多个函数。本项目通过 Python 中的函数和模块化编程思想，帮助学生李明开发一个旅行团通讯录，帮助用户根据旅游目的地、天数、人数等因素，自动计算并规划旅游预算。通过本项目的学习，读者要掌握 Python 中的函数的定义及调用，理解函数参数的概念，熟练使用 Python 函数及模块化编程思想。

任务 1　函数的定义与调用

任务目标

知识目标

- 掌握函数的定义与调用。
- 掌握函数参数的概念。

能力目标

- 能够自定义函数。
- 能够调用函数。

素养目标

- 培养代码重用意识，通过函数实现代码的高效复用，提升开发效率和代码质量。

任务说明

在 Python 中，函数是完成特定功能模块的代码块。通过定义函数，可以将复杂的程序分解为简单的、可管理的部分。函数可以带有参数，这些参数在函数调用时传递给函数，使得函数更加灵活和通用。本任务是定义一个计算旅游预算的函数，从而理解 Python

中函数的概念，掌握函数的定义，并能对函数实现调用，避免代码复用。

任务实现

步骤 1 了解 Python 函数的基本结构，并定义计算旅游预算的函数。演示代码如下：

```
# 定义计算旅游预算的函数
def calculate_budget(days, destination):
    if destination == "国内":
        base_cost = 1000
    else:
        base_cost = 2000
    return base_cost * days
```

步骤 2 调用函数，并输出调用函数结果。演示代码如下：

```
# 调用函数
budget = calculate_budget(5, "国内")
print("旅游预算为：", budget)
```

步骤 3 函数调用运行结果如图 5-21 所示。

图 5-21　函数调用结果

任务 2　参数传递与返回值

任务目标

知识目标

- 掌握函数参数的概念。
- 掌握函数参数及返回值的含义。

能力目标

- 能够定义具有参数的函数。
- 能够调用函数并传递参数。

素养目标

- 培养模块化编程思维，理解函数在程序设计中的作用。

任务说明

本任务是定义一个包含有函数参数（人数）和返回值（总预算）的计算总预算函数，从而理解 Python 中函数参数的概念，掌握函数参数的定义，并能对函数实现参数传递及调用。

任务实现

步骤 1 定义包含有函数参数（人数）和返回值（总预算）的计算总预算函数，并调用输出运行结果。演示代码如下：

```
# 定义根据参数（人数）计算出总预算的函数
def total_budget(budget_per_person, num_people):
    return budget_per_person * num_people
```

步骤 2 调用函数，进行参数传递并输出调用函数结果。演示代码如下：

```
# 调用函数
total_cost = total_budget(budget, 30)
print("团队总预算为：", total_cost)
```

步骤 3 在任务 1 中不带参数函数定义代码的基础上进行函数调用，演示代码如下：

```
# 调用函数
budget = calculate_budget(5, "国内")
print("旅游预算为：", budget)
```

步骤 4 函数调用运行结果如图 5-22 所示。

图 5-22　函数调用结果

任务 3　项目实践——旅行团通讯录

任务目标

知识目标

- 理解模块化编程的概念和优势。
- 掌握如何在 Python 中创建和使用模块。

能力目标

- 能够创建模块并定义函数。
- 能够在主程序中导入和使用模块。

素养目标

- 培养模块化编程思维，理解模块化在项目开发中的重要性。
- 培养代码组织能力，通过模块化提高代码的可维护性，确保代码的高效管理。

任务说明

本任务是制作实现一个简单的旅行团通讯录，用于统计旅行团队员的信息。通讯录将包括添加联系人、删除联系人、查询联系人等功能。通过本任务的学习，掌握使用模块化编程思想来组织代码，将不同功能分解到不同的模块中，并使用函数定义的方式实现。

任务实现

步骤 1 需求分析。确定项目创建的模块，以及每个模块包含的函数及完成的功能。

具体模块信息如表 5-2 所示。

表 5-2 项目功能模块

模块	功能实现
添加联系人	通讯录中添加联系人的姓名及电话
删除联系人	通过联系人姓名将联系人从通讯录中删除
查询联系人	通过联系人姓名在通讯录中查找该联系人电话

步骤 2 书写 Python 程序，命名为 contacts.py，在该程序中针对步骤 1 中分析功能模块定义函数，实现各模块功能，演示代码如下：

```
# contacts.py
# 添加联系人
def add_contact(contacts, name, phone):
    contacts[name] = phone
    return contacts
# 删除联系人
def remove_contact(contacts, name):
    if name in contacts:
        del contacts[name]
    return contacts
# 查询联系人
def find_contact(contacts, name):
    return contacts.get(name, "联系人未找到.")
```

步骤 3 编写主程序，用于与用户交互。演示代码如下：

```
# main.py
from contacts import add_contact, remove_contact, find_contact
                                    #从 contacts.py 中导入定义的函数到 main.py 中
def main_menu():
    contacts = {}
    while True:
        print("\n 旅行团通讯录")
        print("1. 添加联系人")
        print("2. 删除联系人")
        print("3. 查询联系人")
        print("4. 退出")
        choice = input("输入选项: ")

        if choice == "1":
            name = input("输入姓名: ")
            phone = input("输入电话号码: ")
            contacts = add_contact(contacts, name, phone)
            print("该联系人已添加.")
        elif choice == "2":
            name = input("输入联系人姓名删除联系人: ")
            contacts = remove_contact(contacts, name)
            print("联系人已删除.")
```

```
        elif choice == "3":
            name = input("输入联系人姓名查找：")
            print(find_contact(contacts, name))
        elif choice == "4":
            break
        else:
            print("无效选项，请重新输入.")

if __name__ == "__main__":
    main_menu()
```

步骤 4 运行 main.py 主程序，实现启动主菜单，允许通讯录程序实现用户添加、删除、查询联系人等操作，运行结果如图 5-23 所示。

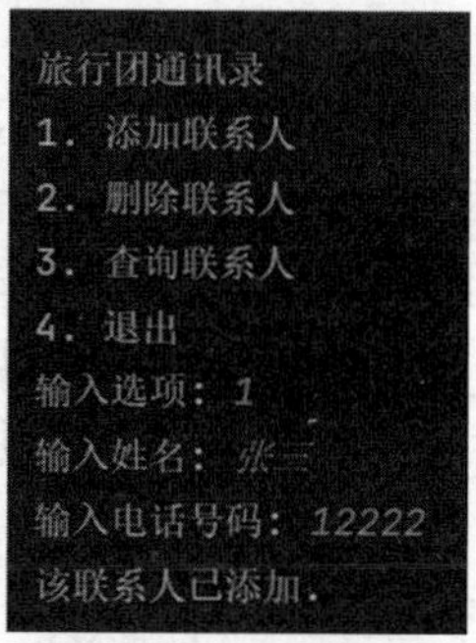

图 5-23　运行结果

知识拓展

函数参数传递中的可变参数传递

可变参数传递即运行在调用函数的时候运行传入多个参数，也就是说，如果一个函数能够处理的参数个数比定义函数时的参数更多，可将这些参数定义为可变参数。

可变参数的定义需要在形参前加一个星号（*）或两个星号来指明函数可以接收任意多个实参，可变参数声明语法格式如下：

```
def 函数名(参数，*变量名)：
    函数体
    [return 表达式]
```

思考与练习

一、选择题

1. 在 Python 中，定义函数的关键字是（　　）。

A. def　　B. function　　C. func　　D. create

2. 下列参数中，（　　）不是 Python 中函数的参数类型。

A. 必需参数　　B. 可选参数（带默认值）

C. 不定长参数（*args, **kwargs）　　D. 匿名参数

3. 要调用一个函数，应该使用符号（　　）。

A. :　　B. ()　　C. {}　　D. []

4. 在 Python 中，模块（　　）用于导入其他模块或包。

A. import　　B. from　　C. sys　　D. os

5. 以下模块中，（　　）不是 Python 中的模块。

A. math　　B. datetime　　C. print　　D. re

二、填空题

1. 在 Python 中，定义函数时，函数名和参数列表之间要用______分隔。
2. 函数体内部的代码块要使用______进行缩进。
3. 当调用函数时，如果传递了多余的参数，Python 会抛出______异常。
4. 在 Python 中，可以使用______语句来导入模块。
5. 在 Python 中，可以使用______语句从一个模块中导入特定的函数或类。

三、简答题

1. 解释什么是函数，以及函数在编程中的作用。
2. 描述 Python 中参数的传递方式（值传递和引用传递）以及它们的区别。
3. 解释 Python 中的局部变量和全局变量的区别，并给出应用场景。
4. 阐述模块化编程的好处，并给出实际项目中模块化编程的一个例子。
5. 解释 Python 中的闭包（closure）是什么，以及它的应用场景。

四、编程题

1. 编写一个函数，接受两个整数作为参数，并返回它们的和。

2. 编写一个函数，接受一个字符串作为参数，并返回该字符串的反转版本。

3. 编写一个函数，接受一个列表作为参数，并返回该列表中所有元素的乘积。

4. 编写一个模块，其中包含一个函数来计算两个数的最大公约数，并在另一个脚本中导入该模块并使用该函数。

5. 编写一个函数，接受一个数字列表和一个目标值作为参数，返回两个列表中元素的索引，使得这两个元素的和等于目标值（如果存在多个这样的对，则返回第一对）。

五、实操题

1. 运行第一个编程题中的函数，传递两个整数参数，验证返回的结果是否正确。

2. 创建一个字符串，并运行第二个编程题中的函数，检查返回的反转字符串是否正确。

3. 创建一个包含一些整数的列表，并运行第三个编程题中的函数，验证返回的乘积是否正确。

4. 创建并保存一个模块文件，其中包含第四个编程题中的函数。然后，在另一个脚本文件中导入该模块，并调用函数来计算两个数的最大公约数。

5. 创建一个包含一些数字的列表和一个目标值，运行第五个编程题中的函数，并验证返回的索引对是否正确。

项目评价

完成下列任务评价表。

<table>
<tr><th>评分内容</th><th>分数</th><th>自评分</th><th>互评分</th><th>教师评分</th><th>其他评分</th></tr>
<tr><td>课前预习完成情况</td><td>10</td><td></td><td></td><td></td><td></td></tr>
<tr><td>知识目标完成情况</td><td>20</td><td></td><td></td><td></td><td></td></tr>
<tr><td>能力目标完成情况</td><td>20</td><td></td><td></td><td></td><td></td></tr>
<tr><td>素养目标完成情况</td><td>20</td><td></td><td></td><td></td><td></td></tr>
<tr><td>课后任务完成情况</td><td>10</td><td></td><td></td><td></td><td></td></tr>
<tr><td>课外拓展完成情况</td><td>10</td><td></td><td></td><td></td><td></td></tr>
<tr><td>其他</td><td>10</td><td></td><td></td><td></td><td></td></tr>
<tr><td>总分</td><td>100</td><td></td><td></td><td></td><td></td></tr>
<tr><td colspan="5">综合评价（自评分×20%+互评分×20%+教师评分×40%+其他评分×20%）</td><td></td></tr>
<tr><td>学习体会</td><td colspan="4"></td><td></td></tr>
</table>

项目 4　序 列 数 据

项目背景

旅行过程中需要进行酒店预订等操作，本项目通过 Python 中的列表来实现一个酒店预订系统，该系统将允许用户查看可用房间、预订房间以及取消预订。通过本项目的学习，读者要掌握 Python 中的序列数据、元组、列表、字典和集合等一组数据集合起来的数据类型，实现对多个数据进行高效的数据存储和操作。

任务 1　序列数据类型

任务目标

知识目标

- 掌握序列的概念。
- 掌握 Python 中序列对应的数据类型。

能力目标

- 能够定义和使用序列数据类型。
- 能够熟练进行组合数据类型的基本操作，如访问、添加和删除等。

素养目标

- 培养逻辑思维能力，提升分析和解决复杂问题的能力。
- 培养学生适应变化的能力与个人责任意识。

任务说明

现实生活中需要对不同种类物品进行存储，在计算机中同样需要针对不同数据类型的大量数据进行存储和管理。本任务是学习 Python 语言中用以存储多个数据的数据类型，如列表、元组、字典和集合等，在熟练掌握 Python 集合数据类型的基础上对数据元素进行增加、删除、修改、查找等操作。

任务实现

步骤 1 了解 Python 中的组合数据类型各自的定义及声明方式。演示代码如下：

```
# 使用[]创建列表
list_one = [1,2,3,4,5]
# 使用 list()函数创建列表
list_two = list("12345")

# 使用()创建元组
tuple_one = (1,2,3,4,5)
# 使用 tuple()函数创建元组
tuple_two = tuple("12345")
# 使用{}创建字典
dict_one ={"number1":1,"number2":2,"number3":3,"number4":4,"number5":5}
# 使用 dict()函数创建字典
dict_two =dict(number1=1,number2=2,number3=3,number4=4,number5=5)
# 使用{}定义可变集合
set_one = {1,2,3,4,5}
# 使用 set()函数定义可变集合
set_two = set((1,2,3,4,5))
# 使用 frozenset()函数创建不可变集合
frozenset_one = frozenset([1,2,3,4,5])
```

步骤 2 对组合数据类型结果进行输出，演示代码如下：

```
print(list_one,list_two)
print(tuple_one,tuple_two)
print(dict_one,dict_two)
print(set_one,set_two)
```

步骤 3 运行结果如图 5-24 所示。

```
[1, 2, 3, 4, 5] ['1', '2', '3', '4', '5']
(1, 2, 3, 4, 5) ('1', '2', '3', '4', '5')
{'number1': 1, 'number2': 2, 'number3': 3, 'number4': 4, 'number5': 5} {'number1':
{1, 2, 3, 4, 5} {1, 2, 3, 4, 5}
```

图 5-24　运行结果

任务 2　项目实践——酒店预订系统

任务目标

知识目标

- 掌握如何使用列表实现实际应用。
- 掌握列表在数据处理中的应用。

能力目标

- 能够使用列表存储和管理数据。
- 能够通过列表实现预订系统的基本功能。

素养目标

- 培养良好的代码书写习惯，注重代码的可读性和可维护性。
- 培养逻辑思维能力，锻炼模块化编程能力。

任务说明

使用列表实现一个简单的酒店预订系统。该系统允许用户查看可用房间、预订房间以及取消预订。本任务旨在学习 Python 中的列表及其应用，掌握如何利用序列存储有序数据，从而实现对大量数据的存储操作。

任务实现

步骤 1 设计酒店预订系统的初始数据结构。演示代码如下：

```
# 初始化可用房间列表
available_rooms = ["101-单人间", "102-双人间", "103-套房"]

# 初始化已预订房间列表
booked_rooms = []
```

步骤 2 实现预订和取消预订的功能。演示代码如下：

```
# 预订房间
def book_room(rooms, booked):
    room_number = input("请输入要预订的房间号：")
    if room_number in rooms:
        rooms.remove(room_number)
        booked.append(room_number)
        print(f"房间{room_number}预订成功！")
```

```
    else:
        print("房间号不存在或已预订。")

# 取消预订
def cancel_booking(rooms, booked):
    room_number = input("请输入要取消预订的房间号：")
    if room_number in booked:
        booked.remove(room_number)
        rooms.append(room_number)
        print(f"房间{room_number}取消预订成功！")
    else:
        print("房间号不存在或未预订。")

# 显示可用房间
def show_available_rooms(rooms):
    print("当前可用房间：", rooms)

# 显示已预订房间
def show_booked_rooms(booked):
    print("当前已预订房间：", booked)

# 主菜单
def main_menu():
    while True:
        print("\n酒店预订系统")
        print("1. 查看可用房间")
        print("2. 预订房间")
        print("3. 取消预订")
        print("4. 退出")
        choice = input("请选择操作：")

        if choice == "1":
            show_available_rooms(available_rooms)
        elif choice == "2":
            book_room(available_rooms, booked_rooms)
        elif choice == "3":
            cancel_booking(available_rooms, booked_rooms)
        elif choice == "4":
            break
        else:
            print("无效的选择，请重新输入。")

if __name__ == "__main__":
    main_menu()
```

步骤 3 运行结果如图 5-25 所示。

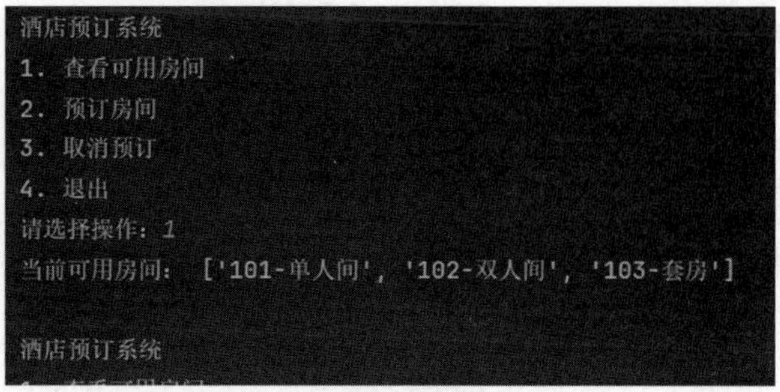

图 5-25　运行结果

知识拓展

组合数据类型的嵌套

组合数据类型可以存储任何类型的元素，组合数据类型也可以相互进行嵌套。例如，列表中可以嵌套元组、字典、集合等其他数据类型的元素。针对嵌套数据的访问方式，主要依据于列表中嵌套的元素内容来确定，例如：

```
        # 在列表中嵌套了字典
        list1 = [{'嫉妒':'envy'},{'恨':'hatred'},{'爱':'love'}]
        # 字典中嵌套了列表
        dict1 = {1:['cake','scone','puff'],2:['London','Bristol','Bath'],
3: ['love','hatred','envy']}
        tuple1 = ('A','B')
        # 列表中嵌套了元组
        list2 = [('A','B'),('C','D'),('E','F')]
        #数据提取  将列表 list1 中的'love'打印
        print(list1[2]['爱'])
        #数据提取  将字典 dict1 中的'love'打印
        print(dict1[3][0])
        #数据提取  将 tuple1 中的 A 打印
        print(tuple1[0])
        #数据提取  将 list2 中的 D 打印
        print(list2[1][1])
```

思考与练习

一、选择题

1. 在 Python 中，创建空列表的正确方法是（　　）。

   A. list = {}　　B. list = []　　C. list = ()　　D. list = set()

2. 下列选项中，（　　）是元组的正确表示。

   A. tuple = (1, 2, 3)　　B. tuple = [1, 2, 3]　　C. tuple = {1, 2, 3}　　D. tuple = "1, 2, 3"

3. 要从列表中删除一个元素，可以使用的方法是（　　）。

A. remove()　　B. pop()　　C. del　　D. 以上都是

4. 字典中的元素是由（　　）组成的。

A. 键和值　　B. 索引和元素　　C. 元素和元素　　D. 键和键

5. 集合中的元素（　　）。

A. 有序且唯一　　B. 无序且唯一　　C. 有序且不唯一　　D. 无序且不唯一

二、填空题

1. 列表是可变的，这意味着可以使用索引来______或______其元素。
2. 元组是不可变的，一旦创建，其内容就______被修改。
3. 在字典中，通过______可以访问对应的值。
4. 集合使用大括号{}或 set()函数创建，并且集合中的元素是______的。
5. 要将列表中的元素添加到集合中，可以使用集合的______方法。

三、简答题

1. 解释列表和元组之间的主要区别。
2. 描述字典在 Python 中的用途，并给出一个实际应用场景。
3. 集合与列表相比有哪些优势？在什么情况下会选择使用集合而不是列表？
4. 解释 Python 中列表推导式的概念，并给出一个例子。
5. 当用户尝试访问字典中不存在的键时，会发生什么？如何处理这种情况？

四、编程题

1. 创建一个包含 5 个整数的列表，并计算其总和。
2. 编写一个函数，接受一个元组作为参数，并返回元组中所有偶数的和。
3. 创建一个字典，其中，键是学生的姓名，值是他们的成绩。然后编写一个函数，该函数接受字典和一个学生的姓名作为参数，并返回该学生的成绩。
4. 编写一个程序，将两个列表合并为一个集合，并打印出合并后的集合。
5. 使用列表推导式创建一个包含 1 到 10 之间所有偶数的列表。

五、实操题

1. 运行第一个编程题中的程序，并验证计算的总和是否正确。
2. 创建一个包含一些整数的元组，并运行第二个编程题中的函数，检查返回的结果是否正确。
3. 创建一个包含学生姓名和成绩的字典，并运行第三个编程题中的函数，输入一个学生的姓名，验证返回的成绩是否正确。
4. 创建两个列表，分别包含一些不同的元素，然后运行第四个编程题中的程序，观察合并后的集合是否只包含唯一的元素。
5. 运行第五个编程题中的列表推导式，并检查生成的列表是否包含 1 到 10 之间的所有偶数。

项目评价

完成下列任务评价表。

评分内容	分数	自评分	互评分	教师评分	其他评分
课前预习完成情况	10				
知识目标完成情况	20				
能力目标完成情况	20				
素养目标完成情况	20				
课后任务完成情况	10				
课外拓展完成情况	10				
其他	10				
总分	100				
综合评价（自评分×20%+互评分×20%+教师评分×40%+其他评分×20%）					
学习体会					

项目5　面向对象编程基础

项目背景

在实际生活中，如何进行旅游路线规划，对于旅游公司来说是一项非常麻烦的事情。本项目是根据旅游天数、旅游人群的年龄和爱好，帮助旅游公司开发一个旅游路线规划系统。通过本项目的学习，读者要掌握Python中面向对象程序设计语言的特点，并能在此基础上理解类和对象的概念，并能进行类和对象的定义，熟练运用面向对象语言的知识实现编程。

任务1　面向对象

任务目标

知识目标

- 理解类和对象的概念。
- 掌握如何定义类和创建对象。

能力目标

- 能够定义类并创建对象。
- 能够使用对象的属性和方法。

素养目标

- 培养面向对象编程思想，培养将复杂问题分解为可管理模块的抽象思维能力。
- 树立团队协作意识，能与团队成员协作，共同开发和分享代码。

任务说明

在面向对象编程中，类是对象的蓝图，它定义了对象的属性和方法。对象是根据类创建的实例，每个对象都可以拥有不同的属性值。本任务是学习 Python 面向对象语言中涉及的类和对象等概念，掌握如何定义类并创建对象，使用对象的属性和方法实现基础编程。

任务实现

步骤 1 定义一个酒店类，演示代码如下：

```
# 定义酒店类
class Hotel:
    def __init__(self, name, stars):
        self.name = name
        self.stars = stars
```

步骤 2 在酒店类的基础上创建酒店对象，演示代码如下：

```
# 创建对象
hotel = Hotel("Hilton", 5)
print(hotel.name)   # 输出：Hilton
print(hotel.stars)  # 输出：5
```

步骤 3 定义酒店对象的方法，创建对象并调用方法，演示代码如下：

```
# 定义方法
class Hotel:
    def __init__(self, name, stars):
        self.name = name
        self.stars = stars

    def describe(self):
        return f"{self.name} is a {self.stars}-star hotel."
# 创建对象并调用方法
hotel = Hotel("Hilton", 5)
print(hotel.describe())  # 输出：Hilton is a 5-star hotel.
```

步骤 4 运行结果如图 5-26 所示。

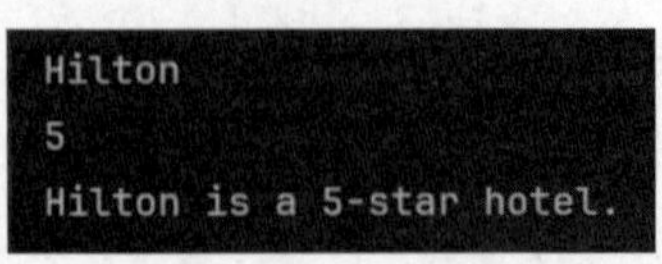

图 5-26　运行结果

任务 2　项目实践——旅游路线规划系统

任务目标

知识目标

➢ 掌握如何将面向对象的概念应用于实际项目。

➢ 理解类和对象在项目中的组织方式。

能力目标

➢ 能够设计并实现一个旅游路线规划系统。

➢ 能够使用类和对象管理旅游路线数据。

素养目标

➢ 培养创新思维，在类和对象设计中，不断探索新的解决方案。

➢ 培养代码的模块化和重用性，保持对编程的热情。

任务说明

利用类和对象的知识，根据游客旅游天数、游客年龄段和爱好，编程实现旅游路线规划系统。本任务旨在学习 Python 中类属性和对象的相关知识，掌握如何利用面向对象知识实现开发程序，减少代码复用。

任务实现

步骤 1 定义旅游路线类 Tour，演示代码如下：

```
class Tour:
    def __init__(self, name, destination, activities, min_days):
        self.name = name
        self.destination = destination
        self.activities = activities
        self.min_days = min_days

    def describe(self):
        return f"{self.name}：前往{self.destination}的{self.min_days}
天旅程，活动包括{'、'.join(self.activities)}。"
```

步骤 2 定义用户类 User，演示代码如下：

```
class User:
    def __init__(self, name, age, hobbies):
        self.name = name
        self.age = age
        self.hobbies = hobbies

    def get_preferences(self):
        return {'age_group': '成人' if self.age >= 18 else '青年',
'hobbies': self.hobbies}
```

步骤 3 定义推荐引擎类 RecommendationEngine，演示代码如下：

```
class RecommendationEngine:
    def __init__(self):
        self.tours = [
            Tour("海滨假期", "马尔代夫", ["日落巡游", "浮潜"], 5),
            Tour("文化之旅", "日本", ["参观寺庙", "茶道体验"], 7),
            Tour("冒险之旅", "新西兰", ["徒步", "蹦极"], 10)
        ]

    def recommend_tours(self, user, days):
        user_preferences = user.get_preferences()
        recommended_tours = [tour for tour in self.tours if tour.min_
days <= days and any(hobby in tour.activities for hobby in user_preferences
['hobbies'])]
        if recommended_tours:
            return "\n".join(tour.describe() for tour in recommended_ tours)
        else:
            return "没有找到合适的旅游路线。"
```

步骤 4 实现用户交互，演示代码如下：

```
def main():
    user = User("Alice", 25, ["日落巡游", "徒步"])
    engine = RecommendationEngine()

    print("欢迎来到旅游路线推荐系统！")
    days = int(input("您计划旅行的天数是多少？"))
    recommendations = engine.recommend_tours(user, days)

    print("\n 推荐旅游路线：")
    print(recommendations)

if __name__ == "__main__":
    main()
```

步骤 5 运行结果如图 5-27 所示。

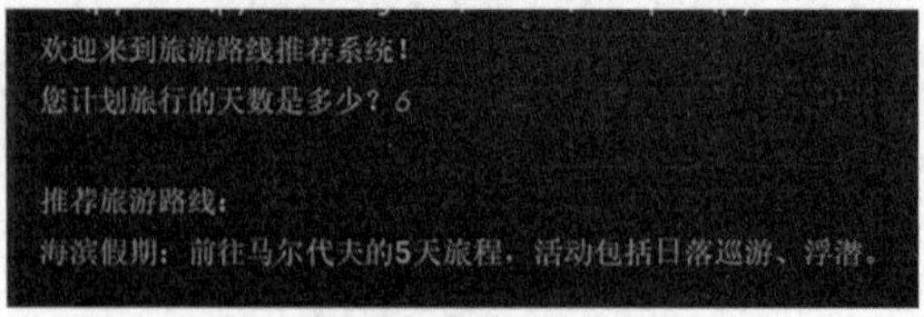

图 5-27　运行结果

知识拓展

类的继承与方法重写

在面向对象编程（object oriented programming，OOP）中，继承和方法重写是创建复杂和可扩展系统的关键概念。继承允许我们定义一个新类（称为子类）来继承另一个类（称为父类或基类）的属性和方法。方法重写（或覆盖）则允许子类提供对父类方法的具体实现。

1. 类的继承

继承是面向对象编程中的一种机制，通过它可以创建一个新的类（子类），该类继承一个或多个现有类（父类或基类）的功能和属性。子类继承了父类的所有非私有属性和方法，并且可以添加新的属性和方法或覆盖现有的方法。在 Python 中，继承是通过在类定义语句中使用括号来指定基类来实现的。演示代码如下：

```
class ParentClass:
    def __init__(self, value):
        self.value = value

    def display(self):
        print(f"Parent value: {self.value}")

class ChildClass(ParentClass):
    def __init__(self, value, extra_value):
        super().__init__(value)  # 调用父类的构造函数
        self.extra_value = extra_value

    def display(self):
        super().display()  # 调用父类的 display 方法
        print(f"Extra value: {self.extra_value}")
```

说明：Python 支持多重继承，即一个子类可以继承多个父类。例如，定义 A 类、B 类和 C 类，其中，C 类是 A 类和 B 类的子类，演示代码如下：

```
class ClassA:
    def method_a(self):
        print("Method A")

class ClassB:
    def method_b(self):
        print("Method B")

class ClassC(ClassA, ClassB):
    def method_c(self):
        print("Method C")
```

2. 方法重写

方法重写也称为方法覆盖，是指在子类中定义一个与父类同名的方法。这样做是为了在子类中提供该方法的特定实现。在子类中定义与父类同名的方法时，子类的方法将覆盖父类的方法。演示代码如下：

```
class ParentClass:
    def greet(self):
        print("Hello from Parent")

class ChildClass(ParentClass):
    def greet(self):
```

```
            print("Hello from Child")

    # 测试
    parent = ParentClass()
    child = ChildClass()

    parent.greet()      # 输出: Hello from Parent
    child.greet()       # 输出: Hello from Child
```

说明：可以使用 super()调用父类方法。在方法重写中，有时需要在子类方法中调用父类的方法，这时可以使用 super()函数。演示代码如下：

```
class ParentClass:
    def display(self):
        print("Parent display")

class ChildClass(ParentClass):
    def display(self):
        super().display()  # 调用父类的 display 方法
        print("Child display")

# 测试
child = ChildClass()
child.display()
# 输出:
# Parent display
# Child display
```

方法重写的注意事项如下。

（1）命名冲突：在多重继承中，如果多个父类有同名方法，子类调用 super()时的顺序取决于方法解析顺序（method resolution order，MRO），这可能会引发意外行为。

（2）私有属性和方法：在 Python 中，通过名称修饰（在属性或方法名前加双下划线__）来模拟私有属性或方法。尽管这种修饰不是真正的私有，但它可以阻止直接访问，并通过名称重整（name mangling）来避免子类中的命名冲突。

（3）方法重写时避免意外：重写方法时，确保理解父类方法的功能和预期行为，以避免引入意外的 bug。

思考与练习

一、选择题

1. 在 Python 中，定义类时使用的关键字是（　　）。

A. class　　B. def　　C. import　　D. if

2. 当想要调用父类的方法时，应使用函数（　　）。

A. parent()　　B. super()　　C. father()　　D. base()

3. 在 Python 中，符号（　　）用于访问对象的属性或方法。

A. @　　　　B. #　　　　C. .　　　　D. :

二、填空题

1. 在 Python 中，类的定义以关键字______开始，后跟类名和冒号。
2. 当创建类的新实例时，______方法会被自动调用。
3. 在 Python 中，私有属性和方法通常以双下划线______开头。

三、简答题

1. 解释什么是封装，并给出一个 Python 类的例子来说明封装是如何工作的。
2. 描述继承的好处，并给出一个使用继承的 Python 类层次结构的例子。
3. 在 Python 中，__new__方法和__init__方法有什么区别？

四、编程题

1. 创建一个 BankAccount 类，包含 balance 属性，以及 deposit()和 withdraw()方法来处理存款和取款。

2. 编写一个 Animal 基类，以及继承自 Animal 的 Dog 和 Cat 类。每个子类都应该有一个 make_sound()方法，打印出该动物特有的声音。

3. 实现一个 Person 类，包含 name 和 age 属性，以及一个 greet()方法，该方法根据年龄打印不同的问候语（例如，对于小于 18 岁的人打印“Hello, young person!”）。

五、实操题

1. 使用 BankAccount 类创建一个账户，并进行存款和取款操作，验证余额的变化。
2. 创建一个 Dog 对象和一个 Cat 对象，并调用它们的 make_sound()方法，观察输出。
3. 创建一个 Person 对象，并根据其年龄调用 greet()方法，观察输出。

项目评价

完成下列任务评价表。

评分内容	分数	自评分	互评分	教师评分	其他评分
课前预习完成情况	10				
知识目标完成情况	20				
能力目标完成情况	20				
素养目标完成情况	20				
课后任务完成情况	10				
课外拓展完成情况	10				
其他	10				
总分	100				
综合评价（自评分×20%+互评分×20%+教师评分×40%+其他评分×20%）					
学习体会					

项目6 文 件 操 作

项目背景

在现实生活中，许多应用需要对文件进行打开、关闭、读写等操作。随着旅游行业的迅速发展，可以通过编程对文件进行相应的操作。本项目是使用 Python 实现对文件的打开、关闭、读写等操作，同时使用 Python 知识完成旅游日志管理系统的开发。通过本项目的学习，读者要掌握 Python 中的文件的读写操作及数据格式化，熟练应用 Python 文件操作实现对于旅游日志的记录、读取和更新等操作。

任务1 文件的打开与关闭

任务目标

知识目标

- 掌握文件打开的方法。
- 掌握文件关闭的方法。

能力目标

- 能够理解文件对象的上下文管理器的用法。
- 能够熟练正确打开和关闭文件。

素养目标

- 培养学生自主探究学习的能力。

任务说明

文件的打开和关闭是日常工作中最基础的工作，使用 Python 程序设计语言可以实现对文件的打开和关闭。本任务是学习 Python 语言中正确打开和关闭文件的方法，以及理解文件相关概念。

任务实现

步骤1 在当前 Python 程序所在的路径下，新建一个名为 travel.txt 的文本文件和一个图片格式的文件 huangshan.jpg，使用 open()方法打开对应文件，演示代码如下：

```
# 以默认方式打开该文本文件
file = open("travel.txt")
# 以只读方式打开该文件，与默认方式打开文件的访问模式相同
file = open("travel.txt",'r')
# 以二进制打开非文本文件
file = open("huangshan.jpg",'rb')
```

```
# 打开文件时指定编码方式
file = open("travel.txt",'r',encoding='utf-8')
```

步骤 2 在上一步打开文件的基础上使用 close()方法关闭文件，演示代码如下：

```
file.close()
```

步骤 3 在上一步关闭文件的基础上添加代码 file.read()，演示代码如下：

```
file.read()
```

步骤 4 运行结果如图 5-28 所示，提示无法操作已经关闭的文件。

图 5-28　运行结果

任务 2　文件的读写操作

任务目标

知识目标

- 掌握文件的读写方法。
- 理解文件的模式，如只读、写入、追加等。

能力目标

- 能够对文件进行读写操作。
- 能够根据需要选择合适的文件模式。

素养目标

- 培养良好的代码书写习惯。
- 培养逻辑思维能力。

任务说明

Python 文件对象提供了多种方法来进行数据的读写操作。本任务旨在掌握如何实现对 Python 中的文件对象进行读写等基本操作。

任务实现

步骤 1 在程序文件同路径下写入文件 example.txt，演示代码如下：

```
# 写入文件
with open('example.txt', 'w') as file:
    file.write('Hello, World!')
```

步骤 2 读取该文件内容，演示代码如下：

```
# 读取文件
```

```
with open('example.txt', 'r') as file:
    content = file.read()
    print(content)
```

步骤 3 在该文件内容基础上，追加文件内容，演示代码如下：

```
# 追加文件
with open('example.txt', 'a') as file:
    file.write('\nThis is a new line.')
```

步骤 4 重新读取该文件，演示代码如下：

```
# 读取文件
with open('example.txt', 'r') as file:
    content = file.read()
    print(content)
```

步骤 5 运行结果如图 5-29 所示。

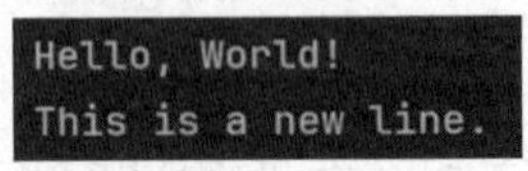

图 5-29　运行结果

任务 3　项目实践——旅游日志管理系统

任务目标

知识目标

- 掌握如何将文件操作应用于实际项目。
- 理解如何使用文件存储和管理数据。

能力目标

- 能够设计一个简单的旅游日志管理系统。
- 能够实现日志的记录、读取和更新功能。

素养目标

- 培养良好的代码书写习惯和文件操作规范。

任务说明

本任务旨在实现编写旅游日志管理系统。该系统允许用户记录旅游日志，包括旅游地点、日期和日志内容，同时系统将提供添加日志、查看日志和删除日志等功能。

任务实现

步骤 1 定义日志数据结构，使用字典来存储日志数据，键为日期，值为另一个字典，包含地点和日志内容。演示代码如下：

```
# 定义日志数据结构
```

```
logs = {}
# 添加日志
def add_log(date, place, content):
    logs[date] = {"place": place, "content": content}
    print(f"日志添加成功：{date}，地点：{place}，内容：{content}")
```

步骤 2 实现添加日志功能，演示代码如下：

```
# 添加日志
def add_log(date, place, content):
    logs[date] = {"place": place, "content": content}
    save_logs()  # 保存日志到文件
```

步骤 3 实现查看日志功能，演示代码如下：

```
# 查看日志
def view_logs(date=None):
    if date:
        print(f"查看 {date} 的日志：")
        log = logs.get(date)
        if log:
            print(f"地点：{log['place']}，内容：{log['content']}")
        else:
            print("没有找到该日期的日志。")
    else:
        print("所有日志：")
        for date, log in logs.items():
            print(f"日期：{date}，地点：{log['place']}，内容：
{log['content']}")
```

步骤 4 实现删除日志功能，演示代码如下：

```
# 删除日志
def delete_log(date):
    if date in logs:
        del logs[date]
        save_logs()  # 保存日志到文件
        print(f"日志删除成功：{date}")
    else:
        print("没有找到该日期的日志。")
```

步骤 5 实现日志数据的保存和加载功能，演示代码如下：

```
# 保存日志到文件
def save_logs():
    with open("logs.txt", "w") as file:
        # 使用json模块保存数据
        import json
```

```
        json.dump(logs, file)

# 加载日志数据
def load_logs():
    try:
        with open("logs.txt", "r") as file:
            import json
            return json.load(file)
    except FileNotFoundError:
        return {}

# 初始化日志数据
logs = load_logs()

# 用户界面
def main_menu():
    while True:
        print("\n 旅游日志管理系统")
        print("1. 添加日志")
        print("2. 查看日志")
        print("3. 删除日志")
        print("4. 退出")
        choice = input("请选择操作: ")

        if choice == "1":
            date = input("输入日期(YYYY-MM-DD): ")
            place = input("输入地点: ")
            content = input("输入日志内容: ")
            add_log(date, place, content)
        elif choice == "2":
            date = input("输入日期(查看所有则留空): ")
            view_logs(date if date else None)
        elif choice == "3":
            date = input("输入要删除的日志日期: ")
            delete_log(date)
        elif choice == "4":
            break
        else:
            print("无效的选择，请重新输入。")

if __name__ == "__main__":
    main_menu()
```

步骤 6 系统运行结果如图 5-30 所示。

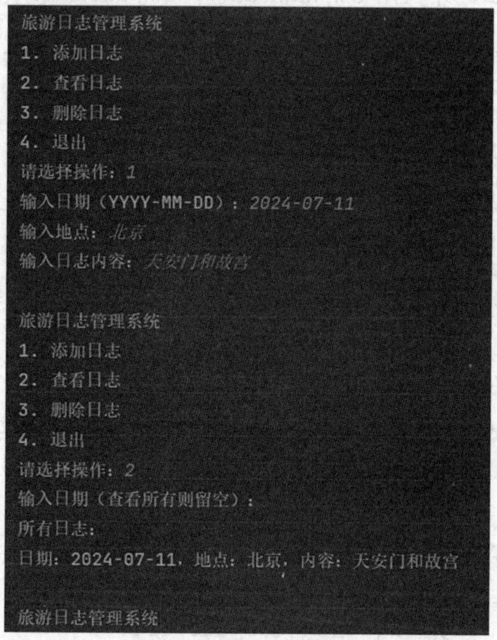

图 5-30　运行结果

知识拓展

处理文件夹的其他操作

在 Python 中，处理文件和文件夹（目录）的任务通常使用内置的 os 模块或更高级的 pathlib 模块。

1. 使用 os 模块

1）判断文件夹是否存在

可以使用 os.path.exists()函数来判断一个文件夹（或文件）是否存在。要专门检查一个路径是否是文件夹，可以使用 os.path.isdir()。演示代码如下：

```
import os
folder_path = 'path/to/your/folder'
# 判断文件夹是否存在
if os.path.exists(folder_path):
    if os.path.isdir(folder_path):
        print(f"{folder_path} 是一个文件夹")
    else:
        print(f"{folder_path} 存在，但不是一个文件夹")
else:
    print(f"{folder_path} 不存在")
```

2）遍历文件夹

可以使用 os.listdir()函数来获取文件夹中的所有文件和子文件夹，然后使用 os.path.

join()来构造完整的路径，并使用 os.path.isdir()和 os.path.isfile()来区分它们。演示代码如下：

```
import os
folder_path = 'path/to/your/folder'
# 遍历文件夹
for item in os.listdir(folder_path):
    item_path = os.path.join(folder_path, item)
    if os.path.isdir(item_path):
        print(f"文件夹: {item_path}")
    elif os.path.isfile(item_path):
        print(f"文件: {item_path}")
```

2. 使用 pathlib 模块

pathlib 模块提供面向对象的路径操作，使得处理文件和文件夹变得更加直观和方便。

1）判断文件夹是否存在

使用 path.exists()和 path.is_dir()方法。演示代码如下：

```
from pathlib import Path
folder_path = Path('path/to/your/folder')
# 判断文件夹是否存在
if folder_path.exists():
    if folder_path.is_dir():
        print(f"{folder_path} 是一个文件夹")
    else:
        print(f"{folder_path} 存在，但不是一个文件夹")
else:
    print(f"{folder_path} 不存在")
```

2）遍历文件夹

使用 path.iterdir()方法遍历文件夹中的条目，并使用 path.is_dir()和 path.is_file()方法来区分它们，演示代码如下：

```
from pathlib import Path

folder_path = Path('path/to/your/folder')

# 遍历文件夹
for item in folder_path.iterdir():
    if item.is_dir():
        print(f"文件夹: {item}")
    elif item.is_file():
        print(f"文件: {item}")
```

思考与练习

一、选择题

1. 在 Python 中，用于打开文件的内置函数是（　　）。

A. open()　　B. file()　　C. readfile()　　D. loadfile()

2. 下列模式中，（　　）用于以只读方式打开文件。

A. 'w'　　B. 'r'　　C. 'a'　　D. 'b'

3. 要以追加模式打开一个文件，并允许读写二进制数据，应使用的模式是（　　）。

A. 'ab'　　B. 'rb+'　　C. 'w+b'　　D. 'a+'

4. 使用 with 语句打开文件的好处是可以（　　）。

A. 自动关闭文件　　B. 增加文件读取速度

C. 改变文件的编码　　D. 自动删除文件内容

5. 下列函数中，（　　）用于读取文件的全部内容。

A. read()　　B. readline()　　C. readlines()　　D. write()

二、填空题

1. 在 Python 中，打开文件时，如果希望文件在写入时被覆盖，应使用模式'w'或'w+'，并指定文件编码为______（如'utf-8'）。

2. 要逐行读取文件内容，可以使用文件对象的______方法。

3. 使用 with 语句打开文件时，文件会在 with 代码块执行完毕后被______。

4. 在读取或写入文件时，如果发生 IOError，通常是因为文件______或没有权限。

5. Python 的文件操作模式'r+'表示以______模式打开文件。

三、简答题

1. 解释 Python 中文件操作的几种常见模式（如'r'、'w'、'a'、'b'等）及其用途。

2. 描述 with 语句在文件操作中的优势。

3. 列出至少 3 种处理文件读取时可能遇到的异常，并解释如何捕获和处理这些异常。

4. 当尝试打开一个不存在的文件用于写入时，会发生什么？如果文件已存在呢？

5. 解释 seek()方法和 tell()方法在文件操作中的不同作用。

四、编程题

1. 编写一个程序，打开一个名为 example.txt 的文件（如果文件不存在则创建它），并向其中写入一行文本“Hello, World!”。

2. 创建一个程序，读取一个名为 data.txt 的文件，并将其内容逐行打印到控制台。

3. 编写一个程序，将用户输入的文本追加到一个名为 log.txt 的文件中。

4. 创建一个程序，要求用户输入一个文件名，然后程序将读取该文件的内容，并将其中的每个单词（以空格分隔）转换为大写字母后写入一个新文件（命名为 output.txt）。

5. 编写一个程序，用于复制一个文件的内容到另一个文件中。如果目标文件已存在，则覆盖它。

五、实操题

1. 运行第一个编程题中的程序，并检查 example.txt 文件的内容是否包含“Hello, World!”。

2. 创建一个名为 data.txt 的文件，并在其中写入几行文本。然后运行第二个编程题中的程序，观察控制台上的输出。

3. 运行第三个编程题中的程序，多次输入文本，并检查 log.txt 文件的内容是否每次输入后都追加了新的文本。

4. 创建一个包含一些单词的文本文件，然后运行第四个编程题中的程序。检查生成的 output.txt 文件，确认每个单词都被转换为了大写字母。

5. 使用第五个编程题中的程序，将一个文件的内容复制到另一个文件中。验证目标文件的内容是否与源文件相同。

项目评价

完成下列任务评价表。

评分内容		分数	自评分	互评分	教师评分	其他评分
课前预习完成情况		10				
知识目标完成情况		20				
能力目标完成情况		20				
素养目标完成情况		20				
课后任务完成情况		10				
课外拓展完成情况		10				
其他		10				
总分		100				
综合评价（自评分×20%+互评分×20%+教师评分×40%+其他评分×20%）						
学习体会						

单元6 人工智能的应用

【单元简介】

自 1956 年人工智能的概念被提出，人工智能理论和技术日益成熟，应用领域也不断扩大。与此同时，移动互联网、大数据的兴起以及云计算的极速发展为人工智能的深入应用创造了可行的条件。人工智能应用的主要优点包括高效性、准确性、自我学习和无疲倦感等，人工智能时代的到来正在潜移默化中影响和改变着现代人的生活节奏与方式，将来人工智能必将对社会生产、生活的各个领域产生重要影响。对于当代大学生来说，学习人工智能的应用不仅是时代的需要，更是提升自身竞争力和参与未来创新的重要途径。

本单元主要讲述了人工智能在智能制造、智慧农业、智慧医疗、智能交通、智能家居等领域的应用。通过学习了解人工智能在各领域的典型应用，可以使得学生学习掌握计算机科学基础知识，培养学生的独立思考和问题解决能力，以及培养学生跨学科的能力和思维方式，鼓励学生参与社会服务和公益活动，培养他们的社会责任感和创造力。

【思维导图】

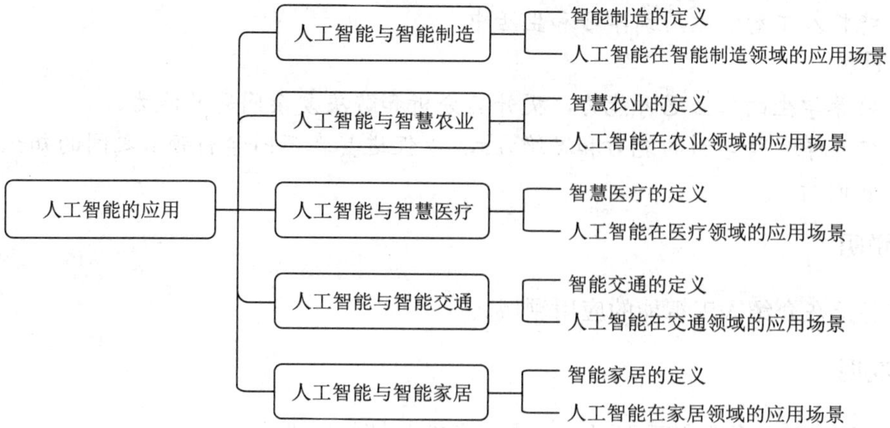

项目　人工智能的典型应用

项目背景

在当今人工智能技术迅猛发展的时代，人工智能已深刻影响了各个领域。2024 中国自动化与人工智能教育大会上，有专家指出，培养学生轻松使用和驾驭人工智能的创造力是应对智能时代必须有的教育观，这一观点得到普遍认同。人工智能不仅优化了学习方式，也在生活的方方面面扮演了重要角色。从学习助手到生活管理，人工智能逐渐成为每个大学生日常不可或缺的一部分。学生通过了解人工智能的典型应用，从而塑造学生自主学习的创新能力。

任务　人工智能的应用领域

任务目标

知识目标

- 了解人工智能与智能制造。
- 了解人工智能与智慧农业。
- 了解人工智能与智慧医疗。
- 了解人工智能与智能交通。
- 了解人工智能与智能家居。

能力目标

- 提升人工智能的运用能力。
- 能将人工智能运用到学习和生活中。

素养目标

- 培养学生的独立思考能力，提升其分析和解决复杂问题的能力。
- 培养学生跨学科的能力和思维方式，以促进其在不同学科领域之间的知识融合和创新。

任务说明

本任务旨在介绍人工智能的应用领域。

任务实现

步骤 1 让“想象”触手可及——人工智能与智能制造。

1）智能制造的定义

“中国制造 2025”和“工业 4.0”两个概念被提出之后，“智能制造”成为一个热门话题，备受人们关注。智能制造（intelligent manufacturing，IM）是一种由智能机器和人类专家共同组成的人机一体化智能系统，它在制造过程中能进行智能活动，如分析、推理、判断、构思和决策等。通过人与智能机器的合作共事，去扩大、延伸和部分地取代人类专家在制造过程中的脑力劳动。它把制造自动化的概念更新，扩展到柔性化、智能化和高度集成化。智能制造是工业的发展趋势，包含智能制造技术和智能制造系统。

2）人工智能在智能制造领域的应用场景

海尔青岛洗衣机互联工厂是智能制造的典型代表，通过5G、工业互联网和AI技术实现用户直连制造，依托模块化柔性产线支持300余种型号快速切换（换型时间仅3分钟），结合AI视觉质检（0.5秒/件、漏检率<0.01%）和数字孪生优化，使订单交付周期从21天缩短至7天、不良率降低26%、能耗下降19%，同时支持35%的个性化定制，并通过区块链追溯和智能补货系统提升产业链协同效率，实现传统工厂改造后2.3年收回投资成本，成为家电行业“数据驱动大规模定制”的标杆案例。

步骤2 勤劳的农夫——人工智能与智慧农业。

目前，我国农业面临着土地资源短缺、灌溉水污染、机械化水平低、农业技术落后、农产品生产成本不断上升、食品安全等问题，极大地制约了农业的发展。随着科技的发展，人工智能的引入正在打破农业发展瓶颈。

1）智慧农业的定义

智慧农业是指现代科学技术与农业种植相结合，从而实现无人化、自动化、智能化的农业生产管理。它运用传感器和软件通过移动平台或者计算机平台对农业生产进行控制，使传统农业更具有“智慧”。除了精准感知、控制与决策管理外，从广义上讲，智慧农业还包括农业电子商务、食品溯源防伪、农业休闲旅游、农业信息服务等方面的内容。

2）人工智能在农业领域的应用场景

在农业领域，人工智能全面赋能各环节。种植时，借助无人机、卫星影像与卷积神经网络监测作物生长，通过多源数据结合作物模型控制灌溉施肥，利用强化学习算法根据作物需求调控温室环境，以此提高产量与质量；养殖中，畜禽佩戴传感器收集数据，经云端算法建立健康模型预警疾病，对池塘水质数据进行分析并建立预测模型以调控水质，物联网连接设备，通过故障诊断算法预测设备故障；农产品加工阶段，机器视觉配合神经网络分析农产品进行分拣分级，人工智能算法依据生产线数据，实时调整设备参数以优化加工；销售与物流环节，运用物联网采集信息，人工智能整合加密后上传区块链以实现质量追溯，利用大数据和智能算法调度车辆、规划路线，并调控仓储环境，降低损耗，延长保鲜期。

2025年，中央一号文件提出“推进农业科技力量协同攻关”。首提“发展农业新质生产力”，指出加快国产先进适用农机装备等研发应用，支持发展智慧农业，拓展人工智能、数据、低空等技术应用场景。2025年3月15日，在浙江AI点苗机10秒钟数完3000余尾虾苗，机械臂40秒移栽30株种苗，无人驾驶翻耕机24小时作业……春耕时节，浙江大地上处处可见“数字园丁”，绘就“赛博”农业新图景。该农场负责人李敬泉介绍，茄果类嫁接机器人采用智能识别技术，可实现接穗和砧木精准接合，将嫁接存活率提高至99%，如图6-1所示。

图 6-1　AI 机器人

步骤 3 Watson 医生——人工智能与智慧医疗。

1）智慧医疗的定义

智慧医疗是以 5G、AI、人工智能、区块链等技术为核心，通过数据互联互通与智能决策，重构医疗服务全流程的新型医疗模式，其本质是构建“患者—设备—医护—机构”协同的数字化医疗生态，实现从疾病治疗向健康管理的转型。

2）人工智能在医疗领域的应用场景

人工智能在医疗领域的一大应用就是与医学影像结合，发展成为智能医学影像。医疗数据中有 90%来自医学影像，有了人工智能，医生的压力大大减少，智能医学影像能大幅度提高诊疗的效率和准确率；而且智能医学影像系统不需要休息，准确率也不会受到疲劳、情绪等负面因素的影响，医学影像自动化分析的速度比放射科医师要快 60%～90%。

目前，科大讯飞与中国科学技术大学附属第一医院联合建设的人工智能辅助诊断平台已为 1200 余家医疗机构提供医疗影像辅助诊断服务。腾讯首款人工智能医学影像产品“腾讯觅影”（图 6-2）能对各类医学影像进行训练学习，智能识别病灶，辅助医生临床诊断食管癌、肺癌、糖尿病视网膜病变等疾病的早期筛查。其中，糖尿病视网膜病变识别准确率达到了 97%，真正做到了精准诊断。

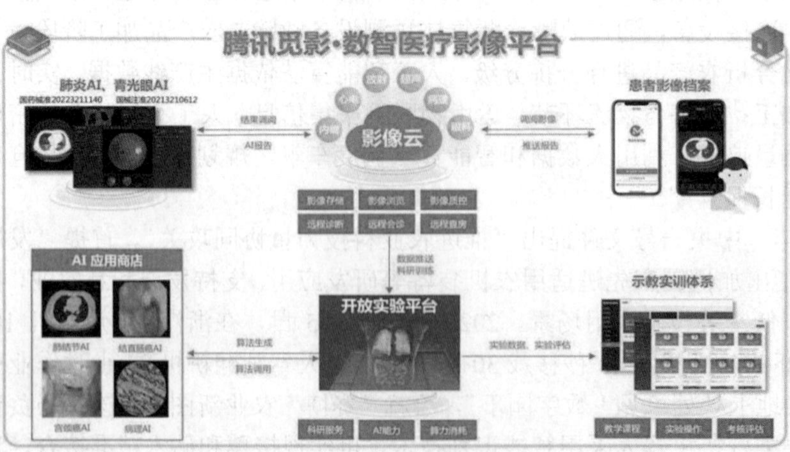

图 6-2　腾讯觅影 · 数智医疗影像平台

人工智能在智慧医疗领域的应用，正在推动医疗行业迈向更加精准和高效的新时代。AI 技术不仅在疾病诊断、精准医疗、疾病预防和治疗上展现出巨大潜力，而且还在医疗资源管理和公共卫生领域发挥着重要作用。

步骤 4 出行革命——人工智能与智能交通。

1）智能交通的定义

智能交通（intelligent transportation system, ITS）是一种利用先进的信息技术、通信技术、传感器技术等，对交通系统进行感知、预测、控制和优化的综合管理系统。智能交通的核心目标是通过智能化手段提高交通效率、保障交通安全、减少能源消耗和环境污染，为公众提供更便捷、高效的出行服务。智能交通系统将先进的信息技术、数据通信技术、传感器技术、电子控制技术以及计算机技术等有效地综合运用于整个交通运输管理体系，从而建立起一种大范围内全方位发挥作用的，实时、准确、高效的综合运输和管理系统。借助互联网将汽车、火车、轮船、飞机等交通工具与公路、铁路、码头、机场等各类基础设施和谐、密切配合，提高交通运输效率，缓解交通阻塞，提高路网通过能力，减少交通事故，降低能源消耗，减轻环境污染，是未来交通系统的发展方向，如图 6-3 所示。

图 6-3 智慧交通模拟场景

2）人工智能在交通领域的应用场景

人工智能在交通领域的应用显著提升了运输效率、安全性和可持续性，其核心价值体现在智能交通管理、自动驾驶技术、事故预防、物流优化等方面，通过数据分析和实时决策重构传统交通系统。

（1）智能交通管理与拥堵缓解。AI 通过实时分析交通流量数据优化信号灯控制。例如，自适应信号系统（如 SCOOT）可根据车辆排队长度动态调整绿灯时长。新加坡的智慧交通系统利用 AI 预测拥堵热点并提前分流车辆，使高峰时段通行效率提升 20%。

（2）自动驾驶与车路协同。L4 级自动驾驶车辆已在北京、旧金山等城市开展商业化试点，通过多传感器融合技术实现厘米级定位。特斯拉 Autopilot 系统运用神经网络处理 8 个摄像头数据，每秒钟完成 2300 次环境分析。车路协同（V2X）技术使车辆与红绿灯、路侧单元实时通信，上海临港测试区实现交叉路口碰撞预警响应时间缩短至 0.3 秒。

（3）交通安全与事故预警。计算机视觉技术可实时识别驾驶员疲劳状态（如眨眼频率、头部姿态），商用车队安装此类系统后事故率下降 40%。道路监控 AI 分析事故风险因素，例如，杭州城市大脑通过视频分析提前 15 分钟预警交通事故易发路段，准确率达 92%。车载诊断系统结合机器学习预测车辆部件故障，例如，德国铁路公司应用后设备故障率降低 35%。

（4）智慧物流与路径规划。京东物流采用强化学习算法优化配送路线，使单车日均配送单量提升 25%。港口自动化场景中，青岛港无人集卡通过 5G+AI 实现集装箱装卸效率提高 30%，同时降低 40%的能耗。

（5）绿色出行与碳排放控制。共享出行平台运用博弈论算法进行车辆调度，滴滴出行在 20 个城市推广拼车系统后空驶率下降 13%。电动汽车充电桩智能调度系统（如 ChargePoint）平衡电网负荷，柏林试点项目使充电成本降低 18%。交通污染监测网络结合 AI 溯源技术，可精准定位高排放车辆，深圳应用后尾气超标查处效率提升 7 倍。

步骤 5 让家充满智慧——人工智能与智能家居。

1）智能家居的定义

智能家居是指以住宅为平台，利用综合布线技术、网络通信技术、安全防范技术、自动控制技术、音视频技术将与家居生活有关的设施进行集成，构建高效的住宅设施与家庭日常事务的管理系统，提升家居安全性、便利性、舒适性，并实现环保节能的居住环境。

智能家居是在互联网影响之下物联化的体现，通过物联网技术将家中的各种设备（如音视频设备、照明系统、窗帘控制、空调控制、安防系统、网络家电等）连接到一起，提供了多种功能和手段，如家电控制、照明控制、电话远程控制、室内外遥控、防盗报警、环境监测、暖通控制等。与普通家居相比，智能家居不仅具有传统的居住功能，还兼备建筑、网络通信、信息家电、设备自动化，能提供全方位的信息交互功能，甚至可以为各种能源费用节约资金，其目标是使家居具有高效节能、使用方便、安全性高的优点。

2）人工智能在家居领域的应用场景

（1）智能家电控制。

智能冰箱：通过内置摄像头和 AI 算法识别食品类型和数量，提醒用户补货并生成购物清单。

智能洗衣机：根据衣物材质和污渍程度自动调整洗衣程序。

智能烤箱：结合用户健康数据推荐食谱并控制烹饪参数。

智能厨房设备：例如，智能秤可以帮助用户精确测量食材重量，智能炊具则可帮助健康饮食。

（2）智能控制与自动化。

智能照明系统：通过感应器、语音命令或手机 App 自动控制灯光开关和亮度。

智能温控系统：如智能空调、恒温器，根据用户习惯和环境变化自动调节室内温度。

智能窗帘：根据时间、光线强度或用户的指令自动开合。

（3）家庭安全与健康监测。

智能安防系统：包括智能门锁、摄像头、烟雾报警器等，可通过人脸识别、行为分析等方式增强安全性。

智能报警系统：异常情况发生时，可实时通知用户并通过联动其他设备采取应对措施。

智能健康监测：包括环境质量监测、睡眠质量监测、个人健康指标追踪等。

（4）场景联动与自动化。

智能家居场景模式：如回家模式、离家模式、观影模式等，一键触发多个设备联动。

智能家庭影院：整合音响、投影、灯光等设备，打造沉浸式体验。

智能语音助手：如 Amazon Echo、Google Home、天猫精灵等，通过语音指令控制家中设备。

（5）远程控制与云服务。用户无论在家内外，都能通过云端平台远程查看和控制家中的各类智能设备。

思考与练习

一、选择题

1. 以下选项中，（　　）不是语音识别技术的应用场景。

A. 入侵检测　　B. 语音合成　　C. 语音翻译　　D. 智能客服

2. 人工智能的研究领域包括（　　）。

A. 机器视觉　　B. 语音合成　　C. 智能检索　　D. 以上都是

3. 以下 4 个人工智能的应用领域中，与其他 3 个不同的是（　　）。

A. 图像识别与分类　　B. 医学影像分析

C. 语音识别　　D. 人脸识别与情感计算

4. 在医疗诊断中，人工智能可以用于（　　）。

A. 疾病风险评估　　B. 医学影像分析

C. 临床决策支持　　D. 病历书写

5. 以下选项中，（　　）不是智能家居的特点。

A. 智能化　　B. 自动化　　C. 网络化　　D. 隔离化

6. 智能家居规划主要体现在（　　）方面。

A. 家庭自动化　　B. 家庭网络　　C. 网络家电　　D. 信息家电

7. 人工智能在交通管理中的主要作用是（　　）。

A. 提高交通效率　B. 降低交通成本　C. 减少交通拥堵　D. ABC 都是

二、填空题

1. 人工智能在交通管理中的主要作用有__________、____________、____________等。

2. 本单元主要讲述了人工智能在____________、________________、_______________、_______________和________________5 个领域的应用。

三、判断题

1. 智能家居可以通过手机 App 进行控制。　　（　　）

2. 现在的 AI 技术在肺结节良恶性判别上已经达到了很高的水平。　　（　　）

3. 人工智能在交通管理中起不到什么作用。（ ）

4. 智慧农业是指现代科学技术与农业种植相结合，从而实现无人化、自动化、智能化的农业生产管理。（ ）

5. 智慧农业为农业生产提供精准化种植、可视化管理和智能化决策。（ ）

项目评价

完成下列任务评价表。

评分内容		分数	自评分	互评分	教师评分	其他评分
课前预习完成情况		10				
知识目标完成情况		20				
能力目标完成情况		20				
素养目标完成情况		20				
课后任务完成情况		10				
课外拓展完成情况		10				
其他		10				
总分		100				
综合评价（自评分×20%+互评分×20%+教师评分×40%+其他评分×20%）						
学习体会						

参考文献

耿向华，2022．MySQL 应用项目教程[M]．北京：北京邮电大学出版社．

胡钢，2022．信息技术（拓展模块）[M]．北京：人民邮电出版社．

江红，余青松，2021．Python 编程从入门到实战[M]．北京：清华大学出版社．

李英龙，郑河荣，2021．软件项目管理（微课视频版）[M]．北京：清华大学出版社．

潘宁，刘兆坤，张洁，2022．计算机应用基础项目式教程[M]．北京：华文出版社．

史小英，2021．信息技术（拓展模块）[M]．北京：人民邮电出版社．

宋旭东，2024．大数据技术基础[M]．北京：清华大学出版社．

汪楠，成鹰，于洁，等，2020．信息检索技术[M]．4 版．北京：清华大学出版社．

汪晓璐，方鹏，2023．信息技术基础（拓展模块）[M]．北京：人民邮电出版社．

许书源，2024．虚拟现实技术及应用[M]．北京：清华大学出版社．

严明，2023．数字媒体技术概论（融媒体版）[M]．北京：清华大学出版社．

詹青龙，肖爱华，2023．数字媒体技术导论[M]．2 版．北京：清华大学出版社．

张金钊，康博越，张童嫣，2024．虚拟现实技术概论[M]．北京：清华大学出版社．

DAVID M K，2021．数据库原理[M]．北京：电子工业出版社．